秦锦虎　张鲁归　编著

种花

使室内空气更清新

U0390555

上海科学技术出版社

图书在版编目（CIP）数据

种花使室内空气更清新／秦锦虎，张鲁归编著．—上海：上海科学技术出版社，2015.8
ISBN 978-7-5478-2676-8

Ⅰ．①种… Ⅱ．①秦… ②张… Ⅲ．①花卉－观赏园艺 Ⅳ．① S68

中国版本图书馆 CIP 数据核字（2015）第 126506 号

种花使室内空气更清新

秦锦虎　张鲁归　编著

上海世纪出版股份有限公司
上 海 科 学 技 术 出 版 社　出版
（上海钦州南路 71 号　邮政编码 200235）
上海世纪出版股份有限公司发行中心发行
200001　上海福建中路 193 号　www.ewen.co
上海中华商务联合印刷有限公司印刷
开本 889×1194　1/32　印张 4.5
字数：120 千字
2015 年 8 月第 1 版　2015 年 8 月第 1 次印刷
ISBN 978-7-5478-2676-8 / S·99
定价：25.00 元

内容提要

　　哪些花卉既能适宜家庭栽养，又能使室内空气变得清新？这些花卉又如何栽养？这是很多养花者迫切需要了解和掌握的。本书介绍了什么样的花卉可以清新空气，自己动手繁殖花苗的方法，选择了60余种能清新空气的花卉，介绍每种花卉的四季养护、欣赏与保健作用、养护常见问题及原因等并配上图片。可帮助养花者特别是初养者了解和掌握这些花卉的习性和养护要点，让养花怡情养性、美化环境、清洁空气。

前　言

随着社会的进步和科学知识的普及，人们对环境的要求越来越高。而另一方面，居室的装饰日益讲究；厨房中的燃气灶具、燃气热水器和办公用具如打印机、复印机等的普遍使用，都会释放一些有毒的气体，从而导致室内环境的严重污染。

于是，"怎样减少污染物，改善居室的环境，使室内的空气变得清新"成为一个严峻而现实的问题，很自然地被提到议事日程上来。人们在避免使用污染严重的装饰材料的同时，还想到了一个行之有效又简单的方法——栽养能使空气清新的花卉，养花者在看形、观色、闻香、悟韵赏花的同时，还能享受这些花卉带来的福利，因为这些花卉能吸收空气中的有毒气体、杀灭空气中的有害病菌，保持室内的空气清新，从而有利于室内人员的身体健康。

栽养的花卉可以从花店购买，也可自己动手繁殖花苗。实际上，有些花卉的繁殖是十分容易的，完全可以自己进行。如果您看到自己培育的花卉日渐长大或开花时，欣喜感油然而生。因此，书中简单介绍了一些繁殖的方法，以供读者参考。

由于编者学历浅薄、学识不济，书中谬误之处在所难免，祈望读者批评指正。

编著者

2015 年春

目　录

一、有益花卉就在我们身边

实际上，凡是花卉对人类均是有益的。如室内种植花卉，可以增加空气湿度和负离子，使人感觉舒适；花的颜色能怡情、爽性、悦目，这些都有利于人类的身体健康。而很多室内广为栽养的花卉，还可通过植物的生理和代谢活动，直接使室内的空气变得清新，如宝石花、虎尾兰、绿萝、文竹、蜘蛛兰等。因此，选择有益的花卉种类栽养，不仅可以收获养花过程的乐趣和赏花时的陶醉，还有助于人体的健康。

这些花卉清新空气的原理，有的能在夜里吸收二氧化碳，放出氧气，使室内的空气保持新鲜；有的能吸收空气中的有毒气体，净化室内的空气；有的还能释放某些物质，杀灭空气中的细菌等病原物，从而利于人的健康。

二、什么样的花卉可以 使空气清新

花卉置放于室内，能直接有利于在其中生活和工作者身体健康的花卉种类，通常有以下几类。

1. 夜里能吸收二氧化碳，呼出氧气的花卉

绝大多数植株在白天进行光合作用，即吸收二氧化碳、释放氧气；在夜间进行呼吸作用，即吸收氧气、放出二氧化碳。但有一些花卉的代谢方式和一般植物不同，其特点是：气孔白天关闭，以减少水分的散失，因而几乎不吸收二氧化碳；夜间气孔开放，吸收二氧化碳。而吸收的二氧化碳通过羧化，形成苹果酸存在于细胞的大液泡内，白天苹果酸脱羧放出二氧化碳 进行光合作用。由于这种碳循环方式在景天科植物上首先被发现，故称为景天酸代谢（CAM）途径，这些植物也被称为景天酸代谢植物（CAM 植物）。如果用景天酸代谢植物布置室内，特别是点缀卧室和晚间阅卷、写作的书房，能使夜间的室内减少二氧化碳浓度，增加氧气，这对于人的身心健康是十分有益的。具有景天酸代谢方式的花卉主要有景天科、凤梨科、仙人掌科和龙舌兰科等的植物。

2. 能清除有害气体的花卉

随着人们生活水平的提高，室内环境的装修日益讲究，但随之而来的便是室内环境污染加重。污染源有：建筑材料中的甲醛、苯、铅、聚乙烯；燃气灶具、燃气热水器等燃烧时产生的氮氧化合物；办公用具如打印机、复印机等释放一些有毒成分等。吊

兰、虎尾兰、常春藤、蜘蛛抱蛋、散尾葵、芦荟、龙舌兰、龙血树等花卉，都是清除有害气体的能手。我们可以借助这些花卉，对居室和办公室的空气进行"大扫除"。

3. 可以杀灭空气中病菌的花卉

有些植物的器官组织中的油腺细胞可不断地分泌挥发性有机物，能杀死细菌和真菌，如佛手果皮中含有大量挥发油，其中的芒烯对肝炎双球菌、金黄色葡萄球菌有抑制作用；茉莉、兰花、薰衣草等花卉也能杀灭空气中的病菌。

此外，花卉散发的香气可以调节人体中枢神经系统、改善大脑功能、刺激呼吸中枢，促进人体吸收氧气、排除二氧化碳，从而使人精力旺盛、思维清晰敏捷。

三、自己动手繁殖花苗

自己动手繁殖花苗和在花市购买成品的心情是截然不同的。自己动手繁殖花苗，可以经历失败的懊恼，但更多收获的是抚育的辛劳和成功的喜悦。当您看到自己繁育的花株枝叶繁茂、花枝招展时，内心的激动是旁人不能理解的。以下简要介绍常用的繁殖方法。

1. 播种

播种繁殖又称有性繁殖、实生繁殖，是采用种子繁殖获得后代的繁殖方法，其后代具有根系发育完整、生命力强等特点，但有些栽培种类的优良性状，如叶面上有斑纹的变种或品种，在播种后会出现不同程度的退化和变异。

（1）正确选择播种期

播种的适宜时间取决于气温和种子寿命。有些花卉，如夏威夷椰子的种子发芽要有25℃以上的较高温度，低于25℃时难以发芽，故播种期宜晚。

有些花卉，如龟背竹、白掌等种子的寿命较短，所以种子成熟后需随采随播；夏季开花的一年生草花及宿根花卉、不耐寒的球根花卉宜春播；春季或初夏开花的二年生草花和耐寒的宿根花卉则宜秋播。

（2）种子发芽有喜光与嫌光之别

光是影响种子发芽的主要因素之一，根据种子发芽对光照的不同要求，常分为喜光性种子、嫌光性种子和不敏光性种子。有些花卉如仙人掌、紫罗兰、金鱼草、金鱼草等，它们的种子发芽需要光，称喜光性种子，这些种子大多比较细小。有些花卉种子的发芽不需要光，在黑暗的条件下才能发芽，称嫌光性种子，这些种子大多比较大，如天竺葵、扶郎花、百日草、孔雀草等。有些花卉种子的发芽对光不敏感，称不敏光性种子，如旱金莲、翠菊等。

（3）确定合适的覆土厚度

播种时覆土厚度应根据种子发芽对光的要求及种子大小而定。喜光性种子，播种时只需覆薄土甚至不覆土，不宜覆土太厚。嫌光性种子，播种时需覆盖较厚的土，以保持黑暗的环境。

细小的种子，播种时只需覆盖薄土，厚度以不见种子为度，甚至不需覆土。大的种子，播种覆土厚度一般为种子直径的 2 ~ 3 倍。

（4）发芽必须有足够的水分

水是发芽的首要条件，有了水才能使种子膨胀、种皮破裂，从而激活种子内的水解酶类，使种子内部的贮藏性物质转化为营养物质，供种子萌发之用。所以，种子必须吸收一定量的水分才能萌发。缺少水分时，种子往往会干化而难以发芽或者不发芽。因此，播种时必须浇透水，有时还需覆盖薄膜或玻璃保持湿度，以保证正常发芽对水分的需要，并防止种子发芽后失水枯死。

2. 扦插

扦插是利用植物营养器官具有的再生能力，即能发生不定芽或不定根的性能，切取根、茎、叶的一部分插入基质，使其生根或发芽，从而形成新植株的繁殖方法。

豆瓣绿叶插繁殖
1. 切下的叶片　2. 将叶基部插入基质　3. 叶基生出不定根　4. 叶插长成的新株

（1）可以用叶片扦插

有很多花卉的叶片具有产生不定根和不定芽的再生能力。豆瓣绿、月兔儿、长寿花、鲁氏石莲花、宝石花、雪莲等花卉都能用整片叶片进行扦插繁殖。虎尾兰、神刀等花卉可以将叶片切成数段后扦插繁殖。秋海棠类花卉除可用整片叶子扦插外，还可将叶片剪成具有主要侧脉的小块进行扦插。

虎尾兰叶插繁殖
1.将叶剪下　2.将叶切成数段　3.将叶段插入基质　4.叶段基部发根

（2）枝叶有乳汁花卉的扦插

垂叶榕、橡皮树、虎刺梅、变叶木、红背桂等花卉制作插穗时，其伤口会分泌乳汁。如果乳汁流失过多，会影响扦插的成活。这类花卉扦插时，可在剪取插穗后随即在剪口处蘸上草木灰或木炭粉，也可将插穗剪口浸于清水中，待乳汁外流停止后再进行扦插。

（3）枝插必须用健壮充实的枝条

插穗的优劣是影响扦插成活率的重要因素之一。因此，应选择生长健壮充实、无病虫害的枝条作扦插材料。细弱、不充实、有病虫害的枝条内贮藏的养分少，扦插的成活率也低。

枝条的成熟度也会影响扦插的成活。木本植物的硬枝扦插应选择成熟度较好的枝条，通常选用再生能力较强的一年生或当年生枝条，过于柔软和不充实的枝条容易凋萎；二年生以上的枝条则生根能力变差，所以都不宜选用。半成熟枝扦插应选择粗壮充实、稍具木质化、并已有一定弹性的枝条作插穗，过于柔嫩或过于木质化时生根能力变差。

带有花蕾或花朵的枝条，其体内的养分较少，也不宜作插穗用。

（4）合适的湿度是插穗生根的关键

插穗从母体上剪下后，便失去了原有的水分供给。插穗体内必须保存有足够的水分，才能进行旺盛的代谢活动，然后才能愈合生根。所以在扦插后，必须给予合适的湿润环境，即湿度得当的基质湿度和尽可能湿度高的湿润空气。在养护管理时，可以采取喷水和覆盖薄膜等措施提高湿度。但需注意，基质湿度不宜过大，尤其是多肉类花卉扦插时畏过湿的基质，基质湿度过大极易引起插穗腐烂，从而导致扦插失败。因此，必须保持湿润而透气良好的基质环境，以利于插穗的生根。

3. 分株

分株是将丛生的植株分割成数丛，或将植株长出的蘖芽、吸芽、匍匐茎、地下茎、小球根或块根分切下来，单独栽植而成为新植株的繁殖方法。

（1）丛生的花卉可用分株繁殖

白掌、虎尾兰、蜘蛛抱蛋、棕竹、银后万年青等丛生类型的花卉，可进行分株繁殖。将植株从盆中脱出，抖去或剔除旧土，并将密布交错的根系理顺，操作时应尽量少伤根系；然后用手顺势掰开，或用利刀将植株从容易分离处切成数丛；再将小丛分别种植。

（2）分出的新株应有根和芽

丛生类型的花卉分株时，必须带有足够多的茎叶和尽可能多的根系，才能保证新株成活，并尽快形成丰满的株形。如银后万年青分株时，每丛需带有 2 ~ 3 根茎干；蜘蛛抱蛋分株时，每丛应带有 5 ~ 6 张叶片。分出的新株不宜过小，同时尽量避免伤及过多的根系，否则会影响成活和日后的生长。

白掌分株繁殖

1. 植株从盆中脱出　2. 用手顺势掰开　3. 分成数丛　4. 将小丛分别种植

4. 高空压条

高空压条又称高枝压条或高压，常用于基部不易萌蘗或枝条太高又不容易弯曲的种类，如橡皮树、米兰、鹅掌柴、垂叶榕等，常采用高压法获得新株。

（1）环剥获得生根需要的养分

高压时，首先要在压条部位的下部进行环状剥皮，剥皮的长度一般为枝条粗度的1～2倍。环剥后由于切断了皮层内韧皮部中的筛管，使上部枝叶制造的养分不能向下输送而积累在环剥处，从而有利于环剥部的愈合和新根的生长。

（2）种植时必须经适当修剪

高压的枝条即使生根后，母体仍能从木质部的输导组织中源源不断地提供其需要的水分。但高压的枝条一旦从母体剪下，由于一下子断绝了母体提供的水分来源，加上剪下的新株上盆后尚未恢复正常的水分吸收功能，所以很容易导致新株不能适应独立的生活而影响生长，甚至逐步失水而死亡。因此，幼株从母株剪下时，应对枝叶作适

扶桑高空压条繁殖
1. 环状剥皮　2. 压条处固定　3. 在环剥处用土埋住　4. 环剥处生根情况

量的修剪，同时置半阴处过渡一段时间。待正常生长后，才能进行常
规的养护。

宝石花

学　名	*Graptopetalum paraguayense*
科属名	景天科缟瓣属
别　名	粉莲，粉叶石莲花

形态特征　多年生草本。丛生，匍匐状。叶肥厚，卵形，表面被白粉，略带紫色晕。4～6月开花，花白色或粉红色，瓣上有红点。

欣　　赏　花姿态秀丽，形似池中莲花；莲座状叶片肥厚多汁，平滑光泽，似用白玉雕刻而成。生性强健，容易栽养。

保健作用　夜间吸收二氧化碳，呼出氧气。

常见问题	原因
枝叶稀疏，叶色不美，开花少	光照过差
烂根	浇水过多，冬季浇水过湿尤易烂根

春季

- 枝插：将枝梢剪成具 3 ~ 5 节的插穗，伤口干燥后插入基质，约 20 天可生根。
- 叶插：摘取成熟叶片，晾 1 ~ 2 天，呈半萎蔫状后将叶片平铺或斜插于基质中，约 1 个月可在叶基生根萌芽。
- 水插，剪取枝条插入水中，约 10 天可发根。
- 喜阳，耐半阴。阳光充足，则株形美观、叶片鲜艳、容易开花。
- 耐干旱，忌水渍，盆土过湿易徒长、落叶，甚至烂根。浇水要掌握"干湿相间，宁干勿湿"。
- 对肥料要求不高，不施肥也能较正常生长。如每隔 1 ~ 2 个月施 1 次氮磷钾结合的肥料，可使植株生长更好。但肥水过多，则植株徒长，影响株形美观。
- 由于花没有观赏价值，因此抽出花序时及时摘除之。
- 翻盆，注意清除萎缩的枝叶和过多的子株。
- 2 年生以上的植株开始老化，应考虑淘汰。

夏季

- 给予充足阳光，过阴时枝叶徒长而稀疏瘦弱、叶色呈浅绿色，花少无颜，观赏性变差。
- 高温时浇水不宜多，可喷些水，忌阵雨冲淋。
- 可不施肥，但最好每隔 1 ~ 2 个月追施 1 次肥料。

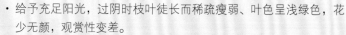

秋季

- 扦插繁殖。
- 给予充足阳光。
- 根据"干湿相间，宁干勿湿"的要求浇水。每隔 1 ~ 2 个月追施 1 次肥料。

冬季

- 耐寒性强，能忍耐 -10℃的低温，长江流域可露地越冬。给予充足阳光。
- 节制浇水，过湿易烂根。并停止施肥。

火祭

火祭

学　名	*Crassula capitella'campfire'*
科属名	景天科青锁龙属
别　名	秋火莲

火祭锦

形态特征　多年生草本，为头状青锁龙的栽培品种。植株丛生。叶卵圆形至线状披针形，交互对生，排列紧密，灰绿色，光照充足时呈红色。秋季开花，小花黄白色。有斑锦变异品种火祭锦（'Campfire Variegata'），又称火祭之光，白斑火祭；叶缘有白色斑纹，经阳光曝晒后叶呈粉红色。

欣　赏　在冷凉季节而阳光充足时，叶缘红色或叶片的大部分变成红色，嫩叶的色彩尤为鲜艳，如同燃烧的熊熊火焰，艳丽而富有活力。栽养十分简单，宜布置书房和卧室等。

保健作用　夜间吸收二氧化碳，呼出氧气。

常见问题	原因
植株徒长，叶色不红	①光照差，即使是盛夏也不需要遮阴；②大肥大水，尤其是氮肥过多；③温差过小
烂根	①闷热且通风不良；②盆土过湿

- 扦插繁殖：剪取顶端具 3 对叶以上的肉质茎作插穗，待剪口干燥后插于基质。插后保持湿润，约 20 天生根。也可叶插繁殖。
- 分株繁殖：将丛生的植株分开，然后分别栽植。
- 生长适温为 18 ~ 24℃。昼夜温差大时，叶色更鲜丽。
- 喜光，稍耐阴，应给予充足的阳光。光照充足时植株生长矮壮紧凑，叶片越晒越红、越美观。
- 喜干燥，耐干旱，怕水湿，要待盆土干透后浇水。控制水分虽植株生长慢些，但能使株形美观。水分多时会引起植株徒长、叶色不红，甚至烂根。
- 每月施 1 次磷钾为主的肥料。不宜多施氮肥，否则引起徒长、叶色不红。
- 栽养 2 ~ 3 年的植株予以短剪，以控制高度。
- 每 1 ~ 2 年翻盆 1 次。喜肥沃疏松而排水、透气性良好的砂质土壤，基质可用园土、腐叶土和素砂等配制，并拌入少量骨粉。栽植用盆不宜大，以口径 10 ~ 12 厘米为妥。

- 不畏炎热，但闷热而通风不良时，易引起根部腐烂。
- 即使是盛夏阳光强烈时，也不需要遮阳。
- 控制浇水，注意通风，天气闷热和通风不良时，如盆土过湿，易引起根部腐烂。空气干燥时，应经常向叶面喷水。
- 每月施 1 次磷钾为主的肥料。

- 也可扦插繁殖。秋末昼夜温差大时叶色更加鲜丽。
- 给予充足阳光。盆土干后进行浇水，同时每月施 1 次磷钾为主的肥料。

冬
季

- 对越冬温度要求不高，0℃以上即可安全越冬。
- 给予充足阳光。控制浇水，并停止施肥。

燕子掌

学　名 *Crassula arborescens*

科属名 景天科青锁龙属

别　名 景天树，玉树景天

形态特征　灌木状肉质植物。茎圆柱形，具节，多分枝。叶对生，椭圆形至倒卵形，先端略尖，浓绿色，叶缘红褐色。12月至翌年2月开花，花近白色。

欣　赏　枝叶肥厚，碧绿如翠，大株具古树老桩的风采，是家庭栽植最广的多肉植物。在我国南方，在它的茎枝和盆器上系上红色缎带、蝴蝶结或绑上硬币，用以象征家道富裕殷实，增添新春佳节的喜庆气氛。

保健作用　夜间吸收二氧化碳，呼出氧气。

常 见 问 题	原　　因
株形松散，节间长，叶缘红色褪淡消失	①光照不足；②盆土偏湿；③施用氮肥过多
落叶	①浇水过多，光照不足而浇水过湿时更易发生；②光照过烈；③越冬温度过低

- 扦插繁殖：选取长 8 ~ 10 厘米的枝梢作插穗，伤口干燥后扦插，约 1 个月成活。也可叶插，剥下的叶片稍晾干后斜插或平放于基质，经 20 ~ 30 天可在叶基部生根发芽。
- 喜阳光充足，在散射光下也能生长，但节间变长、株形松散、叶缘红色褪淡甚至消失。
- 浇水应"间干间湿"。浇水过多，则茎节抽长，影响株形美观，甚至烂根死亡。光照不足时更忌浇灌大水，否则易烂根落叶。
- 为主要生长季，每月应施 1 次薄肥。不宜多施氮肥，以免植株徒长。
- 每 1 ~ 2 年翻盆 1 次。盆不宜太大，否则浇水后盆土不易变干，易造成根系腐烂。

- 不耐暑热，32℃以上进入半休眠，要保持通风良好，避免闷热环境。
- 做好遮阳和通风工作，光照过烈易发生日灼病，导致叶片萎缩枯黄，甚至落叶。
- 控制浇水、经常向枝叶及四周喷水、停止施肥，不使盆土过湿，保持湿润环境，降低温度。
- 枝条过长或过密，可随时短截和疏剪，使内部疏密得当，树冠圆整丰满。

- 充分接受阳光。也可扦插繁殖。
- 也是主要生长季，浇水应"间干间湿"，每月追施 1 次薄肥。

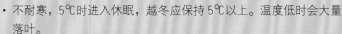

- 不耐寒，5℃时进入休眠，越冬应保持 5℃以上。温度低时会大量落叶。
- 给予充足阳光。
- 节制浇水，保持盆土干燥，并停止施肥。

红提灯

形态特征 多年生草本。多分枝，新生枝常柔软下垂。叶对生，倒卵形或卵圆匙形，绿色。春季开花，圆锥花序，小花鲜红色，端部黄色。

欣　赏 开花繁盛，一朵朵小花酷似点亮的一盏盏红艳艳的小提灯，十分美丽可人，带来温馨和喜气。

保健作用 夜间吸收二氧化碳，呼出氧气。

学　名 *Kalarchoe manginii*

科属名 景天科伽蓝菜属

别　名 宫灯长寿花，珍珠风铃

常 见 问 题	原　因
茎细叶薄，花少色淡	光线不足
烂根	①浇水过多，高温高湿尤易发生；②温度高、植株半休眠时施肥

- 为生长适期（生长适温 18 ~ 28℃），可行扦插繁殖。
- 喜阳，耐半阴。光照充足，植株生长健壮、开花良好。半阴处生长，则茎细叶薄、花少色淡，甚至掉叶无花。
- 喜干燥、耐干旱、怕水湿。浇水掌握"不干不浇"。盆土过湿，易导致烂根落叶，甚至整株死亡。花后施 1 次氮肥，以利植株复壮。以后每半月施 1 次肥料。

- 畏高温，高于 30℃时生长迟缓进入半休眠，应加强通风、遮阳和环境喷水等，营造凉爽环境。
- 畏强烈阳光，应遮阳，或置散射光充足处，避免烈日曝晒。
- 高温高湿极易引起植株烂根，应严格控制浇水，停止施肥。

- 扦插繁殖：选取健壮枝梢，剪成长约 10 厘米的插穗，晾 1 昼夜后插入苗床。插后遮阳并保持较高的空气湿度，经 10 ~ 15 天可生根，容易成活。
- 也为生长适期，根据"不干不浇"的要求浇水。
- 较喜肥，幼苗期应施 2 ~ 3 次氮肥，促进茎叶生长。以后每半月施 1 次低氮高磷钾复合肥，促进花芽分化。施肥要防止肥液沾污叶片，否则叶片易腐烂。
- 幼株应摘心，使植株丰满。
- 每年翻盆 1 次，在入秋植株恢复生长时进行。结合翻盆进行修剪，疏去过密枝并短剪过高的枝条，使株形整齐美观。用盆不宜大，可选用口径 12 ~ 15 厘米的花盆。

- 不耐寒，低于 8℃时叶色发红、花期推迟。如控制浇水时可忍耐 3℃低温。如能保持夜间 10℃以上、白天 15 ~ 18℃，可提早开花。
- 如能保持较高的温度而植株提早开花时，要适当浇水；温度低时则要控制水分。

紫花铁兰

学　名　*Tillandsia cyanea*
科属名　凤梨科铁兰属
别　名　紫花凤梨，粉掌铁兰

紫花铁兰

银边紫花铁兰

形态特征　多年生附生常绿草本。叶簇生，宽线形，绿色，疏披银白色鳞片。秋季至翌年春季开花，穗状花序由 2 列密生粉红色花苞片组成；小花紫蓝色。变种有银边紫花铁兰（var. *variegata*），其叶片边缘有银白色镶边。

欣　　赏　株形小巧玲珑，整个花序如红色麦穗，美丽亮艳，花开于秋至翌春，观赏期达数月之久，是凤梨科中著名的观花种。适宜点缀卧室、书房等处。

保健作用　夜间吸收二氧化碳，呼出氧气。

常见问题	原　因
叶片尖端枯黄	①盆土过干；②空气过于干燥；③夏季烈日曝晒；施肥过浓
茎腐和根腐	浇水过湿

- 分株繁殖：开花后母株基部会长出小植株，待小株长至 5 ~ 10 厘米高时，将其从母株上剥离后另行栽植。
- 喜光，每天给予直接光照或较强散射光 8 ~ 10 小时，以保证生长强壮和开花鲜丽。光照不足，则植株徒长，银白色的叶片变成绿色，并失去生机。
- 喜湿润、忌湿涝。浇水应"不干不浇，浇则浇透"，忌过干或过湿。
- 喜湿润，保持空气相对湿度 85 % 以上有利于生长与开花，应经常向植株及四周喷水，营造湿润环境。
- 每半月施 1 次复合肥。肥液宜淡，用稀释液肥淋施叶面，可使植株生长粗壮亮绿、开花色彩鲜艳。开花期停止施肥。
- 对钙质（石灰质）材料极敏感，种植时应避免用含钙高的材料作介质。

- 分株繁殖。
- 忌强烈阳光曝晒，气温达 22℃以上时进行遮阳，或将植株置散射光充足处，以免灼伤叶片。
- 根据"不干不浇，浇则浇透"的要求浇水，并经常向植株及四周喷水。
- 每半月施 1 次氮磷钾结合的肥料。

- 每天给予直接光照或较强散射光 8 ~ 10 小时。
- 根据"不干不浇，浇则浇透"的要求浇水，并经常喷叶面水。
- 每半月施 1 次氮磷钾结合的肥料，开花期停止施肥。

- 虽能耐 5℃低温，但最好能保持 10℃以上。
- 给予充足阳光。
- 控制浇水，盆土较干燥状态有利于植株越冬。停止施肥。

空气凤梨

学　名	*Tillandsia* spp.
科属名	凤梨科铁兰属
别　名	气生凤梨，空气草

形态特征 多年生气生或附生草本。种类很多，有550个原生种和90个变种，还有众多杂交种。植株莲座状、筒状、线状或辐射状，叶片有披针形、线形，直立、弯曲或先端卷曲。叶片除绿色外，还有灰白、蓝灰等色，有些种类的叶片在阳光充足时呈现美丽的红色。8月至翌年4月开花，穗状或复穗状花序，小花有绿、紫、红、白、黄、蓝等色，有些种类的花具香味。

欣　赏 种类繁多，形态各异，不但能赏叶观花，而且栽植不用泥土，可黏在镜框、山石、墙壁、玻璃等处，也可吊挂点缀，具有极佳的装饰和美化作用，是点缀居室十分时尚的植物材料。

保健作用 夜间吸收二氧化碳，呼出氧气；有较强吸收甲醛和苯烯物等有害气体的功能，被称作有效的"生物净化器"。

常见问题	原因
植株烂心	喷水过多，使植株中心积水
生长瘦弱、徒长	光线过差

- 植株一生只开 1 次花，开花时或花后在基部萌生子株；待子株长大时与母株分离，伤口晾 1 ～ 2 天后另行栽种。
- 叶片灰色、较硬的硬叶种需充足阳光或较强散射光；叶片绿色的软叶种对光线要求较低，在半阴或室内均能生长。但光线过差，则生长瘦弱、徒长，新叶偏嫩，带红色的叶片转绿，观赏性变劣。
- 吸收水分和养分主要依靠叶面上的白色鳞片，故要经常向植株喷水。硬叶种每隔 2 ～ 3 天喷水 1 次；软叶种的耐旱力不及硬叶种，应每天喷水 1 次。
- 硬叶种每 20 ～ 30 天喷 1 次稀释 1 000 倍的液肥；软叶种每 10 ～ 15 天喷 1 次稀释 2 000 倍的液肥。花期应停止施肥。
- 种植方式有粘贴式和吊挂式。粘贴宜用热熔胶，先将黏合剂涂在装饰物上，然后将植株固定在黏合剂上。也可用金属线或鱼线挂起来。忌钙质，不要把其黏附在珊瑚、钟乳石等含钙量高的材料上。

- 不适应高温气候，高于 30℃时应加强通风并喷水降温，高于 25℃时进行遮阳，防止太热而致生长停滞。
- 高温干燥时需喷水，以增加湿度并降低温度。喷水不宜多，且应避免植株中心积水，否则会造成"烂心"。停止施肥。

- 置光照充足而有遮阳之处，也可放在明亮的灯光下。
- 经常向植株喷水。
- 硬叶种每 20 ～ 30 天喷 1 次稀释 1 000 倍的液肥，软叶种每 10 ～ 15 天喷 1 次稀释 2 000 倍的液肥，花期停止施肥。

- 硬叶种能忍耐较低温度，干燥时可忍耐 0℃的低温。软叶种抗寒力较差，不能忍受长期 0 ～ 5℃低温，越冬温度应不低于 5℃。
- 给予直射的阳光。
- 温度低于 10℃时减少喷水，同时停止喷施。

擎天凤梨

学　名	*Guzmania spp.*
科属名	凤梨科擎天凤梨属
别　名	果子蔓凤梨，星花凤梨

擎天凤梨

丹尼斯星

森巴星

露娜星

形态特征 多年生常绿草本，全属约120种，有众多杂交种。植株莲座状或漏斗状，中央有蓄水的水槽。叶宽带形，边缘无齿而光滑。穗状花序从叶筒抽出，由多片花苞片组合成星形或锥形花穗，小花黄、白、紫色。

欣　赏 叶片挺拔，穗状花序色泽鲜艳，开花期长达数月，观叶、观花俱佳，是年宵花卉的主打热销种类。

保健作用 夜间吸收二氧化碳，放出氧气。

常见问题	原因
叶色与花苞暗淡无光	①过于荫蔽；②盆土过干，空气过于干燥；③冬季温度低且光照不足
茎腐和烂根	盆土过湿

- 分株繁殖：开花后母株基部长出小植株，待小株长成具 5 ～ 6 片叶时，将其分离上盆。基质可用树蕨根 2 份、泥炭土 1 份和珍珠岩 1 份配制。小株分植至开花约需 2 年时间。
- 给予充足光照，可使生长健壮、叶色光亮、花苞片色泽鲜艳。光照不足，植株细瘦徒长，叶色与苞片暗淡无光，甚至只长叶不开花。
- 浇水应"干湿相间"，保持盆土湿润，忌湿涝。生长旺期及开花时必须向水槽中加水。
- 喜湿润，生长时应多喷叶面水。环境湿度低且盆土水分不足，则植株干瘪细瘦、叶色暗淡无光，
- 每半月追施 1 次肥料，肥液除浇入盆土外，还应加入水槽中。

- 给予遮阳，避开直射阳光。
- 按"干湿相间"的要求浇水，并向水槽中加水，经常喷洒叶面水。
- 每半月追施 1 次肥料，将肥液浇入盆土和水槽中。

- 给予充足的光照。
- 按"干湿相间"的要求浇水，并向水槽中加水，以利于花序产生和开花。同时经常喷洒叶面水。
- 每半月追施 1 次肥料。如用磷钾肥液喷叶，每周 1 次，可提高耐寒力、利于开花。

- 对低温敏感，越冬温度宜维持 15℃以上，可用塑料袋将植株套住，以提高温度和空气湿度。温度低且光照不足时叶面无光、花序褪色，并影响萌芽。
- 给予充足的光照。
- 控制水分和施肥，低于 15℃时叶筒不宜贮水，并停止施肥。

艳凤梨

学　名　*Ananas comosus var. variegatus*

科属名　凤梨科凤梨属

别　名　斑叶凤梨，金边凤梨

艳凤梨

金心凤梨

形态特征　多年生草本。为食用菠萝的变种。叶长带形，硬质，绿色叶片有银色或金黄色镶边，边缘具刺状齿。肉穗花序，花后结聚花果，果红、黄或绿色，顶端有冠芽。菠萝的变种还有金心凤梨（var. *porteanus*），绿色叶片中央有一道金黄色斑纹。

欣　　赏　叶片如剑，叶色鲜艳，花穗上生长的小凤梨更是奇特可爱，观叶、观果价值很高。宜布置书房与卧室等处，也可作插花花材。

保健作用　夜间吸收二氧化碳，放出氧气。

常 见 问 题	原　因
叶色不鲜丽	①光照不足；②施用氮肥过多
冬季花序和叶片发黑腐烂	温度过低

- 分株繁殖：将母株周围长出的蘖芽切下分栽；也可将植株结果后顶端长出的小植株（称冠芽）切下，待切口晾干后埋入砂中，会很快生根。
- 喜较强的光照，将植株置阳光充足处。接受阳光越多，叶片色彩越鲜艳。
- 供应充足的水分，并向叶槽也添满水。经常向植株及周围喷水，提高环境湿度。
- 每半月施 1 次氮磷钾结合的肥料，促使植株生长、叶色鲜丽。
- 结合分株于开花后翻盆。宜用口径 25 厘米的大盆；基质可用泥炭土、椰糠、火山石、蛭石、珍珠岩等材料配制。

- 强光曝晒会灼伤叶片，应遮阳或将植株置于散射光充足处。
- 充足供水，并给叶槽添满水，经常喷洒叶面水，使叶片更富光泽。
- 每半月施 1 次氮磷钾结合的肥料。

- 置阳光充足处。如环境过于荫蔽，则叶片窄长、叶色暗淡无光、花茎细长、果色变差，影响观赏。
- 供应充足水分，并给叶槽添满水。经常向植株及周围喷水。
- 每半月施 1 次氮磷钾结合的肥料。

- 不耐寒，越冬温度不宜低于 5℃，低温会使花序和叶片发黑腐烂。用薄膜袋将植株套住有保温作用。
- 给予充足的光照。
- 控制水分，保持盆土较为干燥。同时停止施肥。

金琥

学　名　*Echinocactus grusonii*

科属名　仙人掌科金琥属

别　名　南美金琥，金桶球

金琥

金琥

金琥缀化

形态特征　多年生多肉植物。巨形球，扁圆或正圆形。有明显的棱，顶部密披淡黄色绵毛。刺座大，密生硬刺，刺金黄色，后转黄至白色。6～10月开花，花黄色。有很多变种、变型，如金琥缀化（f. *cristata*），植株呈冠状。

欣　　赏　金琥植株大型且端庄圆整，其金黄色的刺座与浅黄色的绵毛亮丽灿烂，是仙人掌类中知名度最高、栽培最为广泛的种类，也是金琥属的代表种。

保健作用　夜间吸收二氧化碳，放出氧气。

常 见 问 题	原　　因
球体变长变尖，刺色暗淡	过于荫蔽
刺色褪淡	浇水从球顶浇淋

春季

- 播种繁殖：播后覆薄土，20～25 天发芽。
- 嫁接繁殖：砧木用三角柱，用平接法。缀化植株将带状植株切成小块，用平接法嫁接。
- 喜阳，每天要有 6 小时以上的直射阳光。如荫蔽，则球体变长变尖、刺数少而短、刺色暗淡、开花少甚至不开花。应经常转盆，使球体受光均匀而生长圆整。
- 充分浇水，保持盆土湿润。忌涝渍，盆土过湿容易烂根。
- 春季为生长最好时期，每月应追施 1～2 次肥料。
- 每年需翻盆。基质应掺入适量石灰质材料；栽植可用浅些的盆，盆的大小以球体与盆壁间隔保持 3～5 厘米为好。

夏季

- 避免闷热潮湿环境，适当遮阳，加强通风，以防腐烂。
- 阳光过烈特别是连续阴雨后突然晴朗，对生长十分不利，应遮阳并加强通风。强光曝晒会灼伤球体。
- 充分浇水。避免从球顶浇淋，否则美丽刺色会褪去。经常向四周环境喷水，可使球体碧绿并富有光泽。
- 高温时停止施肥。

秋季

- 给予充足的阳光。
- 秋季也是生长最好时期，应充分浇水，保持盆土湿润；同时每月追施 1～2 次肥料。

冬季

- 不耐寒，安全越冬温度为 5℃，用三角柱作砧木嫁接的植株对温度要求更高，最好能维持 10℃以上，以防砧木腐烂。
- 控制浇水，停止施肥，可提高抗寒能力。

短毛球

学　名　*Echinopsis eyriesii*

科属名　仙人掌科仙人球属

别　名　仙人球，海胆

短毛球

世界图

形态特征　多年生肉质植物。球形或筒形，球顶凹陷。具棱 13～15，刺极短，暗褐色。夏季夜间开花于茎顶边缘，花大型，白色，喇叭状。有斑锦品种世界图（ var. *variegata* ）。

欣　　赏　习性强健、生长迅速，只需偶尔施些肥、浇点水，就能良好生长，是喜养花但缺养花之道的爱好者的首选种类，也可作仙人掌类嫁接的砧木。

保健作用　夜间吸收二氧化碳，放出氧气。

常见问题	原　因
不开花	①光照不足；②单纯施用氮肥；③冬季温度过高，植株不能充分休眠

- 分割子球：大球易萌生子球，并生有根系，可将其剥下，在伤口干燥后栽植。
- 播种繁殖：于室内盆播，播后 9 ~ 12 天发芽。
- 嫁接繁殖：'世界图'用平接法繁殖，嫁接后 7 ~ 10 天愈合成活。
- 喜阳，不耐阴，阳光充足时生长健壮，色彩亮丽。光照不足，则球体变长并难以开花，即使开花花色也淡。
- 充足浇水，应掌握"干湿相间而偏干"。忌积水，盆土过湿易引起腐烂病。
- 对肥料要求不多，肥水多时虽生长快，但开花减少。每月追施 1 ~ 2 次肥料，入夏前要施氮磷钾混合肥，单施氮肥会影响开花。
- 翻盆：基质应加入适量石灰质；盆不宜大，比球径稍大些即可。

- 不耐高温，气温超过 38℃时进入半休眠，可采取遮阳、喷水和通风等措施降低温度。
- 根据"干湿相间而偏干"的要求浇水，天晴干燥时经常向四周喷水。
- 处于半休眠，应停止施肥。
- 球体长大后易萌生子球，应把过密的子球剥去，以免生长杂乱，影响生长与开花。

- 分割子球繁殖。给予充足的阳光。
- 根据"干湿相间而偏干"的要求浇水，天晴干燥时经常向四周喷水。
- 每月追施 1 ~ 2 次肥料。

- 较耐寒，能忍耐 0℃低温，长江流域可露地越冬。温度不宜高，使植株休眠，这样翌年开花会更盛。
- 给予充足阳光。
- 节制浇水，甚至整个冬季不浇水，保持盆土干燥。同时停止施肥。

英冠玉

学　名　*Notocactus magnifica*

科属名　仙人掌科南国玉属

别　名　莺冠玉

英冠玉

英冠玉锦

形态特征　多年生肉质植物。茎幼时球形单生，后圆筒形群生，蓝绿色，球顶密生白色绒毛。棱 11 ~ 15，周刺毛状，黄白色。夏季开花，花大，鹅黄色。有斑锦品种英冠玉锦（cv. Veriegata）。

欣　　赏　球体棱线明显，上面密布黄白色细刺，整个球体如同一顶金碧辉煌的皇冠；球体顶部可同时开出 3 ~ 5 朵花，花朵硕大而鲜丽，每朵花能开一周左右。栽培、繁殖十分简便，适合爱好者栽养，宜布置书房与卧室等处。

保健作用　夜间吸收二氧化碳，放出氧气。

常 见 问 题	原　　因
植株瘦弱，开花稀少	光照不足
烂根	盆土过湿和积水

- 播种繁殖：室内盆播，播后 1 ~ 2 周发芽。幼苗生长较快，翌年球径可达 1 厘米以上。
- 扦插繁殖：成株易萌生子球，切下子球晾干伤口后插于苗床，经 25 ~ 30 天可生根。英冠玉锦自根生长较慢，可用量天尺作砧木嫁接，以加快生长。
- 喜阳，耐半阴，需给予充足阳光。
- 喜干燥，耐干旱。浇水应掌握"不干不浇"，保持盆土湿润，防止过湿和积水，以免烂根。
- 每半月追施 1 次肥料，促使植株生长旺盛。
- 如培育单球植株，应及早剔除基部萌生的子球。
- 每 1 ~ 2 年翻盆 1 次，要求基质疏松、排水良好，栽植可用口径 12 ~ 15 厘米的花盆。

- 怕强光，应适当遮阳。
- 浇水应"不干不浇"，保持盆土湿润。每半月追施 1 次肥料。

- 扦插繁殖。
- 给予充足的阳光。
- 浇水应"不干不浇"，保持盆土湿润。每半月追施 1 次肥料。

- 稍耐寒，能耐 0℃低温，但最好维持 5℃以上。
- 给予充足光照，可使翌年植株健壮、开花繁盛。
- 控制浇水，盆土干燥可提高耐寒力。同时停止施肥。

黄毛掌

学　名	*Opuntia microdasys*
科属名	仙人掌科仙人掌属
别　名	金毛掌，黄毛仙人掌

黄毛掌

白毛掌

形态特征　多年生多肉植物。茎节扁平，椭圆形或广椭圆形。刺座密被金黄色的钩毛。夏季开花，花淡黄色。变种有白毛掌（var. albispina）。茎节较小，刺座较稀，钩毛白色。花蕾红色，花黄白色。

欣　赏　茎节如掌，上面布满金灿灿的钩毛，新奇雅致，别具风采。宜盆栽置阳台、窗台、晒台等处。

保健作用　夜间吸收二氧化碳放出氧气，可吸收甲醛、乙醚等挥发性有害气体，还能分泌杀菌素。

常 见 问 题	原 因
茎节柔软而无光泽	过于荫蔽
根系腐烂	湿涝或大雨浇淋

春季
- 扦插繁殖：剪取粗壮充实的 2 年生茎节，待切口干燥后插入基质，经 3 ～ 5 周生根。基质不可过湿，否则插穗易烂。
- 喜充足阳光。栽培场所过阴，则茎节生长柔软、无光泽。
- 新栽植株不要浇水，稍喷水即可；待 3 ～ 4 天后再浇水，浇水要"干湿相间而偏干"。
- 对肥料要求不高，需追施 1 ～ 2 次薄肥。
- 每 1 ～ 2 年翻盆 1 次。对基质要求不严，可用园土、粗砂拌入适当干牛粪和石灰质配制而成。

夏季
- 阳光强烈时，适当遮去一部分阳光。
- 浇水要"干湿相间而偏干"。可置室外栽养，但忌湿涝和大雨浇淋。
- 对肥料要求不高，只需追施 1 ～ 2 次薄肥。

秋季
- 喜充足阳光，栽培场所不宜过阴。
- 根据"干湿相间"的要求浇水，保持土壤偏干的状态。
- 对肥料要求不高。如追施 1 ～ 2 次以磷钾为主的薄肥，有利于安全越冬。

冬季
- 抗寒性较一般仙人掌差，越冬温度应保持 5℃以上。室内宜置向阳温暖处。
- 节制浇水，保持盆土较为干燥的状态。停止施肥。

波士顿蕨

波士顿蕨

学　名　*Nephrolepis exaltata var. bostoniensis*
科属名　骨碎补科肾蕨属
别　名　波斯顿肾蕨

皱叶波士顿蕨

密叶波士顿蕨

形态特征　多年生常绿植物，为碎叶肾蕨的突变种。叶丛生，淡绿色，有光泽，二回羽状复叶，叶拱状下垂，小叶有扭曲，基部耳状偏斜。栽培品种有皱叶波士顿蕨（cv. Teddyjunior）：植株矮小，羽状叶密簇而生，小叶宽线形，波状扭曲状。密叶波士顿蕨（cv. Bostoniensis Compacta）：小羽叶细碎而皱曲，紧密。

欣　　赏　叶丛茂密，叶片纤秀，株形优美，特别是光泽翠亮的羽状复叶展开后下垂，更显优雅而飘逸，为流行的室内观赏蕨之一。盆栽或悬挂栽培均相宜。

保健作用　是吸收空气中甲醛、苯、氨气、二氧化硫等有毒气体的一把好手，非常适宜布置新装修的居室。

常见问题	原　因
叶片枯黄脱落	①光照不足；②冬季长期低温；③浇水过湿
叶片卷曲焦边	①盆土过干或空气过于干燥；②光照过烈

春季
- 分株繁殖：植株不产生孢子，成株生长时会萌生匍匐茎并长出小植株，待其长大后剪下分栽。也可用利刀将母株分割成数丛后种植。
- 给予充足的阳光，5 月起光照转烈，应适当遮阳。
- 对水分要求严格，要保持盆土湿润，忌过干或过湿。经常向四周喷水，以提高空气湿度。
- 每周施 1 次以氮为主的肥料，薄肥勤施，忌施浓肥。避免肥液沾污叶片，如沾污，要及时用清水淋洗干净。
- 每 1 ~ 2 年翻盆 1 次，用口径 15 ~ 20 厘米的盆种植。

夏季
- 喜充足的散射光，忌阳光直射，应遮阳或将植株置散射光充足处。
- 充足浇水，保持盆土湿润。经常向四周喷水，提高空气湿度。
- 高温期停止施肥。

秋季
- 9 月后给予充足光照。忌过阴，光照明显不足会引起叶片发黄脱落。
- 充足浇水，经常向四周喷水；每周追施 1 次肥料。

冬季
- 不耐寒，越冬温度应维持 5℃以上。长时间处于 5℃以下的低温环境，会导致叶片脱落。
- 给予充足的阳光。
- 控制浇水，保持盆土较为干燥的状态；停止施肥。

形态特征 多年生常绿草本，小型附生蕨。根状茎粗壮，密生绒状棕色至灰白色鳞片。叶从根状茎挺出，革质，阔卵状三角形，3～4回深羽状分裂。

欣　赏 株形优美，体态潇洒，根状茎奇异，如同狼尾，极富情趣。可作小型盆栽，或将其固定于朽木上作悬挂装饰，是非常流行的室内观赏蕨种类。

保健作用 对室内甲醛、苯等有毒气体具有很强的吸收作用。

圆盖阴石蕨

学　名	*Humata tyermanni*
科属名	骨碎补科阴石蕨属
别　名	毛石蚕，白毛骨碎补

常 见 问 题	原　　因
叶缘枯黄萎缩	①空气过于干燥；②光照过烈；③温度过高或低温
根状茎腐烂	种植时根状茎埋得过深

- 繁殖：可用分株、播种（孢子）方法，家庭宜用分株法。可结合翻盆将带有 2 ~ 3 张叶片或叶芽的横走茎与母株切离，另行栽植。
- 在半阴和充足散射光下生长良好。强光会灼伤植株，4 月下旬起接受早晚阳光，其余时间遮阳。
- 充分浇水，保持盆土湿润，可使植株生长旺盛，茎叶新鲜柔嫩。但不宜过湿，否则根状茎上灰白色鳞片会变成褐色，影响观赏。
- 喜湿润，天晴干燥时经常向植株及四周喷水，否则叶片易变黄皱缩。
- 为生长良好的季节，每月应施 1 ~ 2 次以氮为主的肥料。如根外追施 0.1％的磷酸二氢钾，可使叶色更为明丽。
- 每 2 年翻盆 1 次。种植时不要把根状茎埋得过深，否则根状茎易腐烂。

- 不甚耐热，高温时生长受抑制而进入休眠，并有叶片发黄和落叶发生。应采取遮阳、喷水和加强通风等措施降低温度。
- 进行遮阳，但不宜过阴，否则植株细瘦徒长、叶片变黄。
- 充分浇水，保持盆土湿润。空气干燥时经常喷洒叶面水，提高空气湿度。
- 停止施肥。

- 10 月上旬停止遮阳，恢复阳光直射。
- 充分浇水，保持盆土湿润，经常向植株及四周喷水。
- 也为生长良好季节，每月施 1 ~ 2 次肥，宜多施磷钾肥，少施氮肥，以提高抗寒力。

- 不耐寒，越冬温度应不低于 5℃。
- 给予充足的阳光。
- 控制浇水，盆土只需稍湿润即可。停止施肥。

白玉凤尾蕨

学　名　*Pteris cretica* cv. *Albolineata*

科属名　凤尾蕨科凤尾蕨属

别　名　银心凤尾蕨，阿波银线蕨

白玉凤尾蕨

美丽银线蕨

形态特征　多年生常绿草本，为大叶凤尾蕨的栽培变种，小型陆生蕨。短小根茎匍匐状。叶丛生，一回羽状复叶，小叶叶身宽阔，中央有明显纵走的白斑条。大叶凤尾蕨栽培变种还有美丽银线蕨（cv. *mayi*）。

欣　　赏　植株秀丽婆娑，叶丛细柔纤巧，碧绿叶面上的条纹秀雅清丽，是居室装饰几桌和窗台的理想盆花，也是室内悬挂盆栽的观叶佳品。

保健作用　能吸收居室内的甲醛、苯、一氧化碳、二氧化碳等有毒有害气体，是居室特别是新装修居室绿化装饰的理想花卉。

常见问题	原　因
叶尖枯焦	盆土过干或空气过于干燥；光照过烈
叶面白斑不清晰	光照过于荫蔽；单纯施用氮肥

春季

- 繁殖：可用分株、播种（孢子）法，家庭宜用分株法。结合翻盆将母株旁生出的小株切离母体，直接栽于盆中。
- 给予充足的阳光，也能在充足散射光下生长良好。
- 充足供水，保持盆土湿润，切不可盆土干旱失水，但亦要防止盆土过湿。经常向枝叶及四周喷水。
- 生长的好季节，每半月施 1 次氮磷钾结合的薄肥，促使生长旺盛和叶色鲜丽。
- 每 1～2 年翻盆 1 次，在抽生新叶前进行。

夏季

- 高温对生长不利，应通过环境喷水及适当通风来降低温度。
- 不耐曝晒，也忌过阴，光照过烈易灼伤叶片，应进行遮阳。
- 耐旱性差，应充足供水，保持盆土较湿润的常态；经常向枝叶及四周喷水。
- 高于 32℃时，停止施肥。

秋季

- 分株繁殖。
- 10 月上旬停止遮阳，恢复阳光直射。
- 充足供水，保持盆土湿润；同时多向枝叶及四周喷水，
- 为生长的良好季节，每半月施 1 次肥，追肥以磷钾肥为主，少施氮肥，以利安全越冬。

冬季

- 不耐寒，安全越冬需 5℃以上，并给予充足阳光。
- 控制浇水，保持盆土稍湿润的状态。低于 15℃时，停止施肥。

铁线蕨

学名 *Adiantum capillus-veneris*

别名 铁丝草、铁线草

科属 铁线蕨科，铁线蕨属

形态特征 多年生常绿草本。根状茎横走。叶柄细长，栗黑色，有光泽。叶片2~3回羽状复叶，小叶扇形，深绿色。

欣　赏 植株清逸飘洒，清新悦目；叶柄纤细如铁、挺拔清秀；叶片四季常青，密如云纹。由于黑色的叶柄纤细而有光泽，酷似人发，加上其质感十分柔美，好似少女柔软的头发，故被称为"少女的发丝"。是十分适宜室内栽养点缀的盆栽植物，也可点缀山石盆景，叶片还是良好的切叶材料。

保健作用 能吸收空气中的甲醛，有"生物净化器"之称。

常见问题	原　因
叶片发黄	①强光直射；②盆土过干，浇水时干时湿；③施肥过浓；④叶片过密

- 分株繁殖：结合翻盆将母株分为数丛，每丛带有部分根茎和叶片，然后分别种植。
- 给予充足阳光，或置散射光充足处。耐阴性强，室内光线明亮处能长期置放并正常生长。
- 忌干旱，应充分浇水保持盆土湿润。过干叶片萎缩变黄。喜湿润，应经常喷洒叶面水。
- 每半月施 1 次薄肥，避免肥液过浓和沾污叶面，以免引起肥害和烂叶。
- 每年翻盆 1 次，盆土应有良好透水性和通气性，基质中加入石灰质材料有利于生长。

- 不耐高温，连续高温时蕨叶灼伤枯焦。气温高于 26℃时采取喷水、加强通风和遮阳等措施降低温度。
- 忌烈日曝晒。强光直射会使叶片变黄枯焦，应遮阳。
- 充分浇水，保持盆土湿润。经常向周围洒水。停止施肥。
- 叶片过密时疏去部分老叶，可利于新叶萌发，否则叶片变黄。

- 给予充足阳光，或置散射光充足处。
- 充分浇水，保持盆土湿润。经常向植株周围洒水。
- 每半月施 1 次薄肥，若能加施少量钙质肥料则效果更佳。

- 置室内向阳处。不耐寒，越冬温度不低于 5℃，低于 5℃叶片出现寒害症状。
- 减少浇水，保持盆土稍湿润，低温高湿极易发生烂根。

苏铁

形态特征　常绿灌木。杆圆柱形。羽状复叶簇生于茎端，小叶线形，初内卷后展开；深绿色、坚硬、有光泽，基部小叶呈刺状。6～7月开花，花顶生，雌雄异株，雄花圆柱形，雌花半球形，金黄色。

学名　*Cycas revoluta*

别名　铁树、凤尾松

科属　苏铁科，苏铁属

欣　赏　形似凤凰，挺拔岸然，叶片苍翠，颇具热带风韵，是最受大众喜爱的观叶植物。也可取其自然神态组合配置成盆景。因寿命可长达数百年，因而被视为长寿的象征。

保健作用　可吸收家用电器、塑料制品、装饰材料散发的甲醛、二甲苯及二氧化硫、氧化氮、乙烯等有毒有害气体。

常 见 问 题	原 因
新叶纤细瘦长，小叶小而细弱	光照不足

- 播种繁殖：砂藏种子春末夏初于种子裂口露白时播种。播时覆土2厘米，约2周发芽。
- 分株繁殖：用利刀将分蘖割下剪去叶片，在阴处置1～2天，伤口稍干后直接种植。在遮阳和气温26～28℃条件下，经40～50天生根。
- 喜阳，新叶生长时必须给予充足光照；光照越充足，叶片越紧凑、越短小。
- 喜湿润，较耐旱。但发叶时应控制水分，使叶片短小。
- 对肥料要求不高，每月施1次以氮为主的肥料。如掺入硫酸亚铁或施以矾肥水，可使叶色深绿发亮。
- 每2～3年翻盆1次。

- 耐热，能忍耐40℃高温。但新叶展开时如遇37℃以上温度，应适当遮阳，以防灼伤新叶。
- 耐阴性强，新叶长成后能在低光度条件下保持叶色鲜嫩翠绿。
- 根据"不干不浇，浇则浇透"原则浇水，忌盆土过湿，否则易烂根。
- 每月追施1次以氮为主的肥料。

- 播种：10月种子成熟后随采随播。
- 给予充足光照，或置散射光充足处。
- 浇水应"不干不浇，浇则浇透"，每月施1次磷钾肥。

冬
季

- 能耐短期0℃低温，但最好能保持2℃以上的温度。
- 给予充足光照，或散射光充足处。减少浇水，保持盆土稍湿润。停止施肥。

文竹

学 名	*Asparagus setacens*
科属名	百合科天门冬属
别 名	云片竹，刺天冬

形态特征 多年生常绿草本。根稍肉质。茎簇生，细长有节，后攀援状。叶状枝纤细，羽毛状，鲜绿色；叶退化成鳞片状。花小，近白色。浆果，球形。

欣 赏 枝叶层层叠叠，纤细如云，姿态洒脱，轻盈动人，为最受大众喜爱并广为栽植的观叶植物，也是制作花篮、花束和瓶插的配叶佳材。

保健作用 能分泌杀菌素，可杀灭结核杆菌、肺炎球菌、葡萄球菌等；还可吸收空气中的二氧化硫、二氧化碳、氯气等有毒成分。

常 见 问 题	原　　因
叶片干尖、发黄脱落	①盆土过湿或过干；②施肥过浓；③温度过高或过低；④空气过于干燥

（春季）

- 播种繁殖：将种子晒干贮藏至 4 月播种。
- 分株繁殖：结合翻盆分株，但分出的新株易偏冠，故少用。
- 给予充足阳光。
- 喜湿恶涝，不耐干旱，水分管理是养好文竹的关键。浇水应"不干不浇，浇则浇透"，盆土过湿易引起根部腐烂、叶片干尖和发黄脱落，新抽出的枝叶枯死；盆土过干也会引起叶片发黄脱落。
- 每半月施 1 次以氮为主的肥料。如生长旺盛，可停施氮肥。忌施浓肥，浓肥会引起枝叶发黄。
- 每年翻盆 1 次，盆不宜大，以利于生长观赏。

- 不耐高温，32℃以上停止生长，叶片发黄。应采取喷水、加强通风等措施降温。
- 喜半阴，忌烈日，阳光过烈会造成枝叶枯黄脱落，应遮阳或将植株置室内散射光充之处。也不宜过阴，否则叶片黄绿柔软。
- 浇水应"不干不浇"，并淋浇枝叶和向四周喷水，以提高空气湿度和降低温度。高温期停止施肥。
- 枝叶过多会造成株形拥挤紊乱，要随时剪去老枝枯茎。老株长出徒长枝时，应摘心或短截，保持低矮的株形。

- 给予充足的阳光。
- 浇水应"不干不浇"，经常向枝叶和四周喷水。
- 每半月施肥 1 次，入冬前停施氮肥，改施磷钾肥，以利植株越冬。

- 播种：2 月种子成熟后随即播种，按 2 ~ 2.5 厘米的间距点播，播后覆土 0.5 厘米；也可直接播种在口径 10 厘米的盆中，每盆 3 穴，每穴 2 ~ 3 粒。播后 1 个月左右发芽。

文竹种子播种

- 不耐寒，安全越冬温度为 5℃。长期低于 3℃叶片会萎靡不振，变黄脱落。
- 给予充足的阳光；减少浇水，并停止施肥。

蜘蛛抱蛋

蜘蛛抱蛋

学　名　*Aspidistra elatior*

科属名　百合科蜘蛛抱蛋属

别　名　一叶兰，箬叶

花叶蜘蛛抱蛋

洒金蜘蛛抱蛋

形态特征　多年生常绿草本。根状茎粗壮。单叶丛生，矩圆状披针形，边缘皱纹状，深绿色，有光泽。春天开花，紫色，直接长在匍匐的根茎上。变种有花叶蜘蛛抱蛋（var. *variegata*）和洒金蜘蛛抱蛋（var. *punctata*），前者叶面镶嵌有宽窄不一的淡黄色或乳白色纵向条纹；后者叶片上布满浅黄或乳白色斑点。

欣　赏　叶片秀丽，浓绿光亮，耐阴力极强，是十分适宜居室栽养的观叶植物，也可作切花的配叶衬材。

保健作用　吸收甲醛的能力特强，对氟化氢、二氧化碳也有较强的吸收能力，被称为"天然的清道夫"。可抑制室内空气中的细菌，对金黄色葡萄球菌的抑制能力尤强。

常 见 问 题	原　　因
烂根	①盆土过黏；②浇水过湿或积水
叶面有彩色斑纹种类的色彩暗淡	施用氮肥过多

- 结合翻盆进行分株。将植株从盆中脱出，在根颈薄弱处分切为数丛，每丛带有 5～6 张叶片，分别种植。
- 喜半阴和充足散射光，耐阴力极强，能在较暗的室内置较长时间，但新叶萌发时不要置于过阴处。
- 浇水应"不干不浇、浇则浇透"，保持盆土湿润，但忌水涝。经常向植株及四周喷水，利于新芽萌发和抽发新叶。
- 每半月施 1 次以氮为主的肥料，使叶色碧绿，促进根茎新芽萌发。
- 每 3～4 年翻盆 1 次。忌黏质土，盆土过黏易过湿和积水，使生长不良甚至烂根死亡。

- 不甚耐高温，高于 35℃时叶尖易枯尖，应采取喷水、加强通风等措施降温。
- 遮阳或给予充足散射光，烈日曝晒会使叶片变黄并出现灼伤。叶面有斑纹的种类，要置于避烈日又有充足散射光处，以使色彩亮丽。
- 浇水不要过湿，高温多湿易导致烂根。经常向植株及四周喷水。
- 每半月追施 1 次肥料，叶面有彩色斑纹的种类，应增施磷钾肥，使色彩鲜艳；过多施用氮肥，会使叶片的斑纹色彩暗淡。

- 给予充足的阳光或散射光。
- 根据"不干不浇、浇则浇透"的要求浇水，保持盆土湿润，经常向植株及四周喷水。
- 每半月追施 1 次肥料。

- 较耐寒，移至室内即可安全越冬。叶面有斑纹的种类抗寒性略差，最好保持在 0℃以上。
- 给予充足的阳光。控制浇水，保持盆土较为干燥的状态。停止施肥。

吊兰

学　名　*Chlorophytum comosum*

科属名　百合科吊兰属

别　名　挂兰, 折鹤兰

宽叶吊兰

金心吊兰

金边吊兰

银边吊兰

形态特征　多年生常绿草本。须根先端膨大呈肉质块状。叶基生, 条形。春夏开花, 总状花序, 花白色; 花后变成匍匐枝, 顶部簇生小植株。变种有金心吊兰（‘Mediopictum’）、金边吊兰（‘Marginatum’）、银边吊兰（‘Variegatum’）、宽叶吊兰（‘elatum’）等。

欣　赏　叶色鲜翠, 叶形如兰, 叶腋间抽出的匍匐茎由盆沿向四周下垂, 顶端簇生的小株随风飘动, 好似展翅飞翔的仙鹤, 故古时有"折鹤兰"之称。可布置窗台和几桌等处, 也可作垂吊花卉栽培。

保健作用　具很强的吸收甲醛的能力, 还能吸收火炉、电器、塑料制品散发出的一氧化碳、过氧化氮, 并能分解苯和吸收香烟烟雾中的尼古丁, 故有"甲醛去除之王""绿色净化器"等美称。

常见问题	原　因
叶尖枯焦	①空气过于干燥; ②光照过烈; ③盆土过干

- 分株繁殖：结合翻盆将过密植株从基部掰开，分成数丛，分别种植。匍匐茎顶部簇生的小植株长至适宜大小时剪下上盆。
- 喜半阴，耐阴性强，疏阴下生长良好。
- 充足浇水，保持盆土湿润，但不宜浇水过多或积水，否则易烂根。
- 喜湿润，空气干燥时叶片短小、叶尖枯焦。应经常向植株及周围喷水。
- 每半月施 1 次以氮为主的薄肥。叶片有色彩斑纹的种类应增施磷钾肥，过多施用氮肥会使叶片上斑纹褪淡。
- 栽种与翻盆：种植用口径 10～12 厘米的盆，每盆栽 1 株。根系生长快，应每 1～2 年翻盆 1 次。

匍匐茎上的小植株

剪下上盆

- 不耐暑热，温度高于 30℃时停止生长，叶片易发黄干尖。
- 忌烈日曝晒，花叶种更怕强光，应进行遮阳。也不宜过阴，否则生长变慢、叶片变薄、叶色变浅、叶尖褐化。
- 充足浇水，经常向植株及周围喷水。高温期停止施肥。
- 有色彩斑纹的种类，有时会返祖变绿，应及早将返绿部分剪去。

- 给予充足的阳光。
- 充足供水，保持盆土湿润。经常向植株及周围喷水，提高空气湿度。
- 每半月追施 1 次以氮肥为主的薄肥，叶片上有色彩斑纹的种类应增施磷钾肥。

- 不耐寒，越冬保持 5℃以上。
- 减少浇水，停止施肥，以提高植株的抗寒能力。

银后万年青

形态特征 多年生常绿草本，为园艺杂交种。丛生。叶互生，披针形，革质，暗绿色，叶脉间具银灰色斑纹，仅在叶腋及叶缘分布有绿色。

欣　赏 叶片清秀典雅，娟秀端庄，且具有很强的耐阴性，是最适宜室内常年陈设的观叶植物。

保健作用 能去除空气中的尼古丁、甲醛等有毒成分，而且空气中的污染物浓度越高，越能发挥净化能力。但其汁液有毒性，接触汁液易导致皮肤发炎。

学　名 *Aglaonema* cv. Silver Queen

科属名 天南星科粗肋草属

别　名 银后粗肋草，银后亮丝草

常见问题	原　因
黄叶、烂根	①浇水过湿，盆中积水；②盆土过于黏重板结
叶片变黄、焦边	光照过烈

- 分株繁殖：将植株从薄弱处切开，每丛带有 2 ~ 3 根茎干，然后分别上盆。
- 扦插繁殖：选择顶端嫩茎制成长 10 ~ 15 厘米的插穗，剪口抹上草木灰，剪口稍干后插入基质，经 20 ~ 30 天生根。
- 给予充足的阳光。也能在较阴处正常生长。
- 浇水要"干湿相间"，不使盆土过干或过湿。
- 需肥较多，每半月施 1 次以氮为主的肥料，适当配施磷钾肥，使茎干粗壮、分蘖多、叶片肥大。
- 老株基部叶片会枯萎脱落而逐渐失去观赏性。分株时结合扦插对茎干进行强截。
- 每 2 ~ 3 年翻盆 1 次，忌板结黏重的土壤。

- 忌烈日曝晒，光照过烈时叶片变小，甚至灼伤而变黄焦边。应进行遮阳或将植株置散射光充足处。
- 充足供水，但盆中不宜积水。天晴干燥时经常向叶面及四周喷水。
- 生长期缺少氮肥时叶片变小、生长不良、下部叶片枯黄脱落，应每半月追施 1 次肥料。

- 分株和扦插繁殖。
- 给予充足的阳光或散射光。
- 浇水要"干湿相间"，天晴干燥时经常向叶面及四周喷水。
- 每半月追施 1 次肥料，使茎枝健壮、斑纹鲜明。9 月施 2 次磷钾肥，以利越冬。

- 不耐寒，越冬温度应不低于 6℃，最好能维持 10℃以上。
- 给予充足的阳光。控制浇水，保持盆土干燥。气温降至 15℃以下时，停止施肥。

绿萝

学　名　*Scindapsus aureus*

科属名　天南星科绿萝属

别　名　黄金葛，藤芋

形态特征　多年生常绿草质藤本。茎粗壮，茎节上有气生根。叶宽卵形，深绿色，常镶嵌有黄白色不规则的斑点和条纹，有光泽。

欣　赏　枝条细长下垂，宜作悬挂装饰，如同绿帘，十分逗人喜爱。也常作图腾柱栽植，置书房、厅堂和空间稍大处。

保健作用　对室内的甲醛、一氧化碳、二氧化碳、氨气等有毒有害气体有很强的吸收能力。但汁液有毒，接触易引起皮肤红肿、瘙痒发炎。

常 见 问 题	原　因
叶片变黄，叶色暗淡，新叶变小、焦叶	①光照过强；②肥水严重不足
叶片变黄并脱落	①盆土过干；②温度过低

- 扦插繁殖：剪取长 15 ~ 25 厘米的茎蔓作插穗，插后 2 周生根。如茎蔓长有气生根，可截下直接种植。
- 给予充足的光照。
- 叶片大而质薄，散失水分快，故需供给充足水分，保持盆土湿润而不干燥。缺水时叶片发黄萎蔫、植株失神、基部叶片枯落；过湿，则易引起烂根、枯叶。
- 经常向枝叶及四周喷水，提高空气湿度。
- 每半月应追施 1 次氮磷钾结合的肥料。肥料不足，叶片变小并失去光泽。
- 因生长快，幼苗每年需翻盆 1 次，成株 1 ~ 2 年翻盆 1 次。

- 在明亮散射光下茎粗叶大，色斑鲜艳光亮。忌阳光直射，光照过强，叶片会受灼变黄、叶色暗淡、新叶变小、焦叶，叶面斑纹消失。应进行遮阳，或将植株置散射光充足处。
- 供给充足的水分，保持盆土湿润。经常向枝叶及四周喷水，提高空气湿度。
- 每半月施 1 次肥料，如叶面追施 0.2% 的磷酸二氢钾溶液，可使叶面上的斑纹更为亮艳。

- 给予充足光照。
- 充足浇水，保持盆土湿润，并经常向枝叶及四周喷水。
- 每半月施 1 次肥料，施肥以磷钾为主，少用或不用氮肥，以利于越冬

- 不耐寒，低于 7℃叶片变黄并出现大量脱落，安全越冬温度为 10℃。
- 给予充足光照。
- 控制浇水，让盆土稍湿润即可。同时停止施肥。

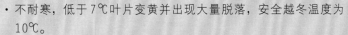

龟背竹

龟背竹

学　名　*Monstera deliciosa*

科属名　天南星科龟背竹属

别　名　蓬莱蕉，龟背蕉

斑叶龟背竹

形态特征　常绿木质藤本。茎粗壮有节，节上生气生根。叶羽状深刻，叶脉间长有椭圆形穿孔，深绿色，厚革质。佛焰苞乳白色，肉穗花序白色。有品种斑叶龟背竹（cv. Albo-variegata），叶面有白或奶黄色不规则斑纹。

欣　赏　株形优美，叶形奇特如龟，叶色油亮，又能在室内条件下正常生长。小的植株宜置窗台、晒台、阳台等处；大些的植物宜置于高几之上，其枝叶呈临水之态，很有飘逸之趣。

保健作用　具有很强的吸收甲醛等有毒有害气体的能力，还能吸收大量的二氧化碳，被称为"天然清道夫"。但汁液有毒，皮肤敏感者尤慎接触。

常见问题	原因
叶片萎黄，缺乏光泽，并出现焦尖、焦边	①光照过烈；②空气过于干燥
叶片变小	①过于荫蔽；②缺肥

- 结合翻盆进行扦插繁殖。将茎干截成 2 ～ 3 节长的小段，插后保持湿润，1 个月可生根。
- 充分接受直射光照，光照越充足，叶片越大、裂口越多，叶面有斑纹的越亮丽。耐阴性强，能在较暗处较长时间置放。
- 喜湿润，浇水应"干湿相间，宁湿勿干"，保持盆土湿润。
- 喜肥，每半月施 1 次以氮为主的肥料，叶面具斑纹的种类应施用氮磷钾结合的肥料，使叶色艳丽。
- 每 1 ～ 2 年翻盆 1 次。

- 不耐高温，32℃以上停止生长，应采取喷水、加强通风等措施降温。
- 忌烈日直射，光照过烈时叶片老化萎黄、缺乏光泽，出现焦尖、焦边。应进行遮阳。
- 高温时水分蒸腾量大，需及时补给水分，避免盆土干旱。但也不宜过湿，排水不畅会引起烂根，并失去亮绿的光泽。
- 天晴干燥时，叶面会失去光泽，叶缘枯焦，生长减缓。应经常向枝叶及四周喷水。
- 高温时停止施肥。

- 充分接受阳光。
- 按"干湿相间，宁湿勿干"的要求浇水。天晴干燥时经常喷洒叶面水。
- 每半月施 1 次肥料，应增施磷钾肥，以利越冬。

- 不耐寒，5℃以下叶片变黄焦边，越冬温度宜保持5℃以上。
- 充分接受直射的光照。控制浇水，停止施肥。

绿宝石喜林芋

学　名
Philodendron erubescens cv. Green Emerald
科属名　天南星科喜林芋属
别　名　长心叶蔓绿绒，绿宝石绿蔓绒

绿宝石喜林芋

红宝石喜林芋

形态特征　多年生常绿藤本，为红柄喜林芋的栽培品种。茎粗壮，节上生有气生根。叶长心形，先端突尖，绿色，有光泽，革质。
红柄喜林芋的栽培品种还有红宝石喜林芋（cv. Red Emerald），株形、叶形均与绿宝石喜林芋相近，但新梢红色，叶片深绿色，显现紫红色晕，叶脉与叶背红色

欣　赏　枝叶茂盛，株形优美，叶色光亮。小型幼株枝叶直立，或略垂，宜布置窗台、几桌等处；长大后枝叶垂挂，通常宜作垂挂装饰或图腾柱栽植。

保健作用　吸收空气中的甲醛等有毒有害气体。

常 见 问 题	原 因
节间变长，枝蔓细弱，叶片变小	光照不足
叶片变黄	①低温；②光照过强；③盆土过干或过湿

- 扦插繁殖：将枝蔓剪成带 2 ~ 3 节的茎段，插后保持半阴和湿润，经 15 ~ 20 天生根。也可选取带有气生根的茎段，把茎段的下端连同气生根一起栽入盆中。
- 给予充足的阳光。
- 喜湿润，不耐干旱。应充分供给水分，保持盆土湿润。良好的环境湿度是养好绿宝石喜林芋的关键，应经常向植株及四周喷水。
- 每半月施 1 次以氮为主的肥料。缺肥时植株衰弱，叶小而缺少光泽，下部叶片变黄脱落。
- 每 2 年翻盆 1 次。

- 忌强光直射，也不宜过阴，应遮阳或置散射光充足处。阳光过烈，叶片受灼变黄，产生焦边。环境过阴，枝叶徒长、节间变长、枝蔓细弱、叶片变小甚至畸形；茎叶红色种类的红色变淡变绿。
- 浇水应"干湿相间而偏湿"，充分供给水分，经常向植株及四周喷水。
- 每半月施 1 次肥料。红宝石喜林芋应施用氮磷钾结合的肥料，可使叶色鲜艳；单纯施用氮肥，枝叶的红色会褪淡变绿。

- 扦插繁殖。
- 给予充足的阳光。
- 充分供给水分，浇水应"干湿相间而偏湿"。但不宜过湿，否则叶片变黄，甚至烂根。经常向植株及四周喷水。每半月追施 1 次以氮为主的肥料。

- 不耐寒，安全越冬温度为 5℃。红宝石喜林芋抗寒力更差，越冬温度应维持 10℃以上。
- 给予充足的阳光。
- 控制浇水，保持盆土较干燥的状态。

白蝶合果芋

学 名	*Syngonium podophyllum* cv. White Buttertfly
科属名	天南星科合果芋属
别 名	白蝴蝶，银白合果芋

白蝶合果芋

合果芋

箭头合果芋

粉蝶合果芋

形态特征 多年生常绿草质藤本。丛生，茎具气生根。叶宽箭形，淡绿色，中间白绿色；叶柄长。原种和栽培品种有合果芋（S. podophyllum），幼龄叶戟形，成株叶具 5～9 枚裂片；箭头合果芋（cv. Albolineatum）。叶掌状 3 浅裂或心形，叶缘绿色，叶中间象牙白色；老叶绿色；粉蝶合果芋（cv. Pink Butterfly）。叶幼时粉红色，成熟时灰绿色。

欣　赏 枝叶茂盛、叶形别致，轻风吹拂时，植株上的叶片如同一群白蝶翩翩起舞，极富情趣。幼龄植株枝叶直立，宜布置几案与窗台等处；成株可作图腾柱栽植。

保健作用 吸收空气中的甲醛和氨气。

常 见 问 题	原 因
嫩叶边缘和叶尖出现枯焦	①空气过于干燥或盆土过干；②光照过烈
节间、叶柄变长，叶片变小，斑叶种颜色褪淡	①过于荫蔽；②单纯施用氮肥

春季

- 扦插繁殖：剪取带有 2 ~ 3 节的茎段作插穗，插后保持半阴和湿润，经 10 ~ 15 天生根。
- 分株繁殖：用利刀将植株分割成数丛，分别种植。
- 给予充足阳光，也可置散射光充足处。
- 喜湿润，忌干旱。浇水应"宁湿勿干"，保持盆土湿润。
- 经常向枝叶及周围喷水。新叶抽出时若空气过于干燥，嫩叶边缘和叶尖会出现枯焦。
- 每半月施 1 次氮肥，叶面有彩色斑纹的种类应增施磷钾肥，使叶色亮艳。如每月追施 1 次 0.2% 的硫酸亚铁溶液，则叶色更清丽。
- 生长迅速，每年需翻盆。

夏季

- 扦插繁殖。
- 忌烈日曝晒，光照过强会灼伤叶片，应遮阳或置散射光充足处。但不宜过阴，否则节间和叶柄变长、株形松散、叶片变小，失去特有的颜色和光泽，斑叶种会褪去美丽的颜色。
- 充分供水，但不宜积水。水分不足时叶片粗糙变小，甚至黄化枯焦；积水易烂根。经常向枝叶及周围喷水。
- 每半月施 1 次肥，叶面有彩色斑纹的种类避免单纯施用氮肥。

秋季

- 分株繁殖。
- 给予充足阳光或置散射光充足处。
- 浇水应"宁湿勿干"，保持盆土湿润，经常向枝叶及周围喷水。
- 每半月施 1 次肥，期间追施 1 ~ 2 次磷钾肥，以利植株越冬。

冬季

- 不耐寒，越冬温度应保持 10℃以上。
- 给予充足阳光。
- 减少浇水，防止盆土过湿，低温及盆土过湿会导致叶黄枯落，甚至根系腐烂。停止施肥。

洋常春藤

学　名　*Hedera helix*

科属名　五加科常春藤属

别　名　常春藤，英国常春藤

金边洋常春藤

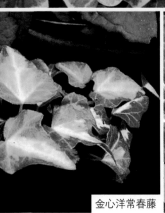

冰雪洋常春藤

金心洋常春藤　　　　　　花叶洋常春藤

形态特征　多年生常绿藤本。茎蔓细长，有气生根。叶三角状卵形，3～5裂，暗绿色。有很多变种，常见的有：金心洋常春藤（var. goldheart）。叶中心部金黄色；花叶洋常春藤（var. lvalace）。叶上缀满灰绿色；冰雪洋常春藤（var. glacier），叶缘白色或淡粉色；金边洋常春藤（var. aureovariegata），叶缘黄色。

欣　　赏　茎蔓柔软，枝簇叶密，叶色丰富，株形下垂，随风飘逸，又十分易养，是家庭栽养十分理想的垂吊花卉种类。

保健作用　吸收有毒有害气体能力很强，有"小型吞毒机"的美誉，可有效净化甲醛污染，吸收空气中三氯乙烯、二氧化碳和吸烟产生的烟雾。还有杀菌和抑菌作用。

常见问题	原　　因
叶面斑纹褪淡变绿	①单纯施用氮肥；②过于荫蔽
植株突然烂根枯死	①施肥过浓，特别是夏季更易发生；②浇水过湿，特别是夏季浇水过湿时易发生

- 扦插繁殖：将枝条剪成 12 ~ 15 厘米长的插穗，插后约 20 天生根。
- 嫁接繁殖：砧木用中华常春藤，用劈接法。
- 充分接受直射阳光，但也能在充足散射光下良好生长。
- 喜湿润，不耐干旱。应充分浇水，保持盆土湿润。忌过湿，否则易烂根。
- 空气过干时叶片会失去光泽，甚至出现焦斑。应经常向枝叶及周围喷水。
- 斑叶种每月施 1 ~ 2 次氮磷钾结合的肥料，不宜单纯施用氮肥，否则斑纹会褪淡变绿。
- 每 1 ~ 2 年翻盆 1 次。

- 畏高温，30℃以上停止生长呈半休眠状态，35℃以上叶片易发黄。应采用喷水、加强通风等措施降温。
- 忌烈日曝晒，应遮阳或置散射光充足处。但不宜过阴，否则枝叶徒长、斑纹褪淡。
- 盆土过湿易烂根，应将盆株移至淋不到雨的地方，并控制浇水。空气干时经常向枝叶及周围喷水。
- 停止施肥，否则植株易烂根枯死。

- 扦插繁殖。
- 充分接受阳光，或置散射光充足之地。
- 充分浇水，保持盆土湿润，同时经常向枝叶及周围喷水。
- 每月施 1 ~ 2 次氮磷钾结合的肥料，利于生长和斑纹颜色鲜丽。

- 较耐寒，能耐 2 ~ 3℃低温，但最好保持 5℃以上。
- 给予充足阳光。
- 控制水分，低温而盆土湿涝时，易烂根死亡；停止施肥。

发财树

学　名 *Pachira macrocarp*

科属名 木棉科瓜栗属

别　名 马拉巴栗，瓜栗

形态特征 常绿乔木。茎基部膨大如槌。掌状复叶，小叶5～7枚，椭圆形披针形。

欣　赏 枝叶翠绿怡人，茎基部膨大如鼓槌，极富趣味，且栽养方便。常将5～7株植株编成辫状后盆栽，更具观赏性，是十分流行的观叶观茎佳品。

保健作用 吸收空气中的甲醛和氨气

常见问题	原因
叶片变黄，最后烂根死亡	浇水过湿和积水
叶片变黄、叶缘枯焦	光照过烈
冬季叶片卷缩并大量脱落	越冬温度过低

- 扦插繁殖：结合翻盆，将枝条剪成长约 15 厘米的插穗，插后保持湿润，经 1 个月可生根，成活率高。但扦插苗根颈部不会粗壮。
- 对光照要求不严，耐半阴，全日照和半日照下均能生长。
- 忌过湿和积水，否则叶片变黄，甚至烂根死亡。浇水掌握"干湿相间而偏干"，不使盆土过湿。
- 每月施 1 ～ 2 次肥料。应增施钾肥，使膨大根颈更肥大。
- 生长前进行修剪，疏去细弱枝和过密枝，短截留存的枝条，以保持均匀而优美树冠。
- 每 1 ～ 2 年翻盆 1 次。栽植宜浅，让膨大的根外露，以利观赏。

- 梅雨季结合修剪进行扦插繁殖。
- 不耐强光曝晒，忌过阴。光照过强时叶片变黄、叶缘枯焦，应给予遮阳或置散射光充足处。过阴时，枝叶徒长、节间长而细瘦，叶片变小，生长衰弱。
- 按"干湿相间而偏干"的要求浇水，保持盆土湿润而不过湿。晴天干燥时多向枝叶及四周喷水，使叶片更加油绿苍翠。
- 每月施 1 ～ 2 次肥料，应以氮钾为主。
- 生长迅速，枝条生长过长时，应摘心或短剪。

- 播种繁殖：种子成熟后随采随播。点播，播种深为 3 ～ 4 厘米，播后浇水并保持基质湿润，5 ～ 10 天发芽。
- 给予充足阳光，或置散射光充足之处。
- 按"干湿相间而偏干"的要求浇水，并在晴天干燥时多向枝叶及四周喷水。同时每月施 1 ～ 2 次以磷钾为主的肥料。

- 不耐寒，越冬温度保持 5℃以上。温度过低，叶片卷缩并大量落叶，甚至整株死亡。
- 给予充足阳光；控制浇水，盆土保持较为干燥的状态；停止施肥。

南方红豆杉

南方红豆杉

学　名　*Taxus cuspidate* var. *mairei*

科属名　红豆杉科红豆杉属

别　名　美丽红豆杉，红榧

曼地亚红豆杉

红豆杉

形态特征　常绿乔木，是红豆杉的变种。叶排成两列，条形，微弯如镰状，较稀疏，上面中脉凸起，下面有两条黄绿色气孔带，边缘常不反曲。原种红豆杉（*Taxus cuspidate*），叶条形，较密着生，深绿色，有光泽。天然杂交品种有曼地亚红豆杉（*T. madia*），与红豆杉相比，两列着生的叶片更显著，更平展。

欣　　赏　枝叶茂盛苍翠，四季常青，又适宜于半阴处生长，是很好的室内观叶植物。

保健作用　可吸收一氧化碳、尼古丁、二氧化硫、甲醛、苯、甲苯、二甲苯等。从植株中提炼出来的紫杉醇是国际上公认的防癌抗癌药剂。但全株有毒。

常见问题	原　因
叶黄脱落	光照过烈或过于荫蔽
叶片卷曲干枯	空气过于干燥或盆土过干

- 播种繁殖：种子成熟采收后需室内砂藏，当种子露白时播种。播后用细土覆盖，以不见种子为度。浇透水后覆地膜，并搭建环棚增温保湿，经 20 ~ 30 天出苗。
- 扦插繁殖：萌芽前进行。选取 1 年生枝条，制成长 10 ~ 15 厘米的插穗。插后搭棚遮阳并保持环境湿润，经 30 ~ 40 天生根。
- 给予充足阳光，或置散射光充足处。
- 喜湿润，怕湿涝。浇水应"不干不浇，浇则浇透"，保持盆土湿润而不干旱、不过湿。
- 每月施 1 次以氮为主的肥料，使枝叶繁盛。
- 生长时进行 1 次修剪，剪去重叠枝、交叉枝和细弱枝，短剪突出树冠的枝条，以保持良好的通风透光条件。
- 每 2 ~ 3 年翻盆 1 次，在植株还未生长时进行。

- 梅雨季扦插：选取当年生半木质化枝条，制成 10 ~ 15 厘米长的插穗，插后搭棚遮阳，经 30 ~ 40 天生根。
- 忌强烈阳光直射，需遮阳。室内不宜久置，以免叶黄脱落。
- 按"不干不浇，浇则浇透"的要求浇水，浇水过多会烂根。
- 空气干燥时叶片卷曲干枯，应经常向植株及四周喷水。
- 每月施 1 次以氮为主的肥料。

- 给予直射阳光，或置散射光充足之处。
- 浇水应"不干不浇"，保持盆土湿润；经常向植株及四周喷水。同时每月施 1 次肥。

- 抗寒性强，可耐 -30℃的低温，浅盆栽植的盆株需移入室内越冬。
- 给予充足阳光；减少浇水，保持盆土较为干燥的状态；停止施肥。

香龙血树

香龙血树

学　名　*Dracaena fragrans*

科属名　血树科龙血树属

别　名　巴西铁，龙血树

金边龙血树

银边龙血树

形态特征　常绿乔木。树干圆柱状。叶片宽线形，叶缘波状，浓绿色，弯曲成弓形，丛生于茎端。秋冬开花，圆锥花序，小花黄绿色，具芳香。园艺变种有：金心龙血树（var. *massangeana*）、金边龙血树（var. *lindenii*）、银边龙血树（var. *ranta rosa*）。

欣　　赏　株形挺拔，叶色绚丽，具热带情趣。常用 3 株不同高度的柱状植株配植一盆，也可单株栽植，置厅堂、客房和卧室等处。叶片是很好的插花叶材。

保健作用　对甲醛、苯、氨气等室内有毒有害气体有较强的吸收能力，还可吸收复印机、激光打印机及干洗剂中释放的三氯乙烯。

常 见 问 题	原 因
叶缘和叶尖枯萎，新叶伸展不良	①空气过于干燥；②烈日曝晒
斑纹种类的颜色变淡褪色	①单纯施用氮肥；②过于荫蔽

- 扦插繁殖：气温应不低于 15℃，可利于生根。细枝扦插：将枝条剪成长 10 厘米的茎段，插后约 1 个月生根。柱状扦插：用茎粗 6 ~ 10 厘米的树段扦插，插后保持湿润和遮阳，经 4 ~ 5 周生根。
- 给予充足阳光或散射光。绿叶种耐阴性较强，斑叶种需光较多。
- 喜湿润，忌干旱。应充分浇水，保持盆土湿润。
- 经常向枝叶及周围喷水，新叶抽出时如空气干燥，叶缘和叶尖易枯萎，并导致新叶伸展不良。
- 每半月追施 1 次氮磷钾结合的肥料。斑纹种类不宜单施氮肥，不然虽生长旺盛，但斑纹颜色变淡褪色。
- 每隔 2 ~ 3 年翻盆 1 次。茎基部空颓时，结合翻盆将顶端部分剪下，促使剪口部萌发新枝。

- 忌烈日曝晒，阳光直射时叶片枯黄焦尖。忌过阴，否则叶片变黄，斑纹种类会褪色。应遮阳，或置于散射光充足处。
- 气温高时水分蒸发快，需避免盆土缺水，盆土过干，则叶片萎黄焦边、叶尖干枯卷曲。但盆土过湿，会烂根。经常向枝叶及周围喷水。
- 每半月施 1 次氮磷钾结合的肥料。

- 给予充足阳光或散射光。
- 充分浇水，保持盆土湿润；同时经常向枝叶及周围喷水。
- 每半月施 1 次肥。应增施磷钾肥，以提高抗寒力。

- 喜高温多湿环境，不耐寒，安全越冬温度为 10℃。
- 给予充足的阳光。
- 控制水分，维持盆土略干燥，低温高湿易引起烂根。同时停止施肥。

线叶龙血树

学　名　*Dracaena marginata*

科属名　龙舌兰科龙血树属

别　名　红边千年木，马尾铁

线叶龙血树树

三色彩虹龙血树

两色马尾铁

三色线叶龙血树

形态特征　常绿灌木。茎干直立纤细。叶片长披针形，中间浓绿色，有光泽，叶缘有鲜红色或紫红色条纹。栽培品种有：两色线叶龙血树（cv. Bicolor）；三色线叶龙血树（cv. Tricolor）；三色彩虹龙血树（cv. Tricolor Rainbow）。

欣　　赏　树形优雅，叶片纤秀而色彩艳丽，又能耐半阴，适合于室内栽养。大的植株可布置于厅堂的角隅与沙发旁，小的植株宜布置窗台，阳台和几桌。

保健作用　吸收空气中的二甲苯、甲苯、三氯乙烯、苯和甲醛，并将其分解为无毒物质。

常见问题	原　因
大量落叶	①盆土过湿；②冬季低温
叶片失去光泽，叶尖干枯褐焦	①空气过于干燥；②光照过强

- 扦插繁殖：结合翻盆和修剪进行，将枝条制成长 7 ~ 8 厘米的茎段。插后保持半阴和湿润，约 20 天生根。
- 高压繁殖：压条后约 30 天生根，生根多时剪下上盆。
- 在全日照或半日照条件下均能生长。
- 喜湿润，应充分浇水，保持盆土湿润，盆土过干、过湿都不利于生长。盆土过湿，根系生长不良，导致大量落叶。
- 空气过干时叶尖会干枯褐焦，应经常向枝叶及四周喷水。
- 吸肥力较差，施肥宜薄，忌浓肥、生肥。每月施 1 ~ 2 次氮磷钾结合的肥料，促使枝叶旺盛和叶面彩色条纹鲜丽。
- 每 1 ~ 2 年翻盆 1 次。茎干过高而基部空缺时，应结合翻盆短剪过高的枝条，促使剪口萌发新枝。

- 高压繁殖。
- 光照过强，叶片黄化并失去光泽、叶尖枯焦，应遮阳或置散射光充足处。原种的耐阴性较强；有条纹的种类不宜过阴，否则斑纹颜色变淡，甚至叶片脱落。
- 浇水应"干湿相间而偏湿"，保持盆土湿润；经常向枝叶及四周喷水。
- 每月施 1 ~ 2 次氮磷钾结合的肥料。

- 给予充足阳光或散射光。
- 按"干湿相间而偏湿"的要求浇水，经常向枝叶及四周喷水。
- 每月施 1 ~ 2 次磷钾肥，可利于越冬。

- 不耐寒，安全越冬温度为 8℃，8℃以下时叶片枯焦，甚至落叶。
- 给予充足阳光；控制浇水，保持盆土比较干燥的状态；停止施肥。

金边富贵竹

学　名　*Dracaena Sanderiana*

科属名　龙舌兰科龙血树属

别　名　金边万年竹，仙达龙仙树

金边富贵竹

观音富贵竹

富贵竹

银边富贵竹

形态特征　常绿小灌木。植株直立而不分枝，有节如竹。叶卵圆状披针形，绿色，叶边镶有黄色纵条纹。栽培品种有：富贵竹（cv. Virescens），叶浓绿色；银边富贵竹（cv. Margaret），叶缘镶银白色纵条纹；银心富贵竹（cv. Margaret Berkery），叶中央镶嵌有银白色纵条纹；观音富贵竹，叶片短而宽，深绿色。

欣　　赏　植株亭亭玉立，姿态优雅且富有竹韵，寓意富贵、长寿，无论盆栽或是水养，置于几桌，可为居室增添瑞祥之气。

保健作用　叶片吸收二甲苯、甲苯、三氯乙烯和甲醛等有毒有害气体，并能将其分解成无毒物质。

常 见 问 题	原　　因
斑纹颜色变淡褪色	①单纯施用氮肥；②过于荫蔽
叶片焦边、焦尖	①盆土过干或空气过于干燥；②光照过强

- 扦插繁殖：将茎干截成长 10 厘米带有 3 节的小段作插穗，插后遮阳并保持湿润，约 1 个月发根。也可水插，10 多天发根。
- 给予充足阳光，或置散射光充足处。
- 喜湿润，耐水涝，忌干旱。应充分供水保持盆土湿润，不使盆土干旱。
- 对肥料需要不多，每月施 1 次薄肥。施肥过多易造成徒长，影响株形。叶面有条纹的种类施肥应注意磷钾的配合，单纯使用氮肥会使叶面上的条纹褪色。
- 每年翻盆 1 次，结合翻盆将过高的茎干短截，让剪口重新萌生新枝。

- 忌强烈阳光直射。光照过强，叶面会变得粗糙并缺乏光泽，甚至变黄焦边、焦尖或灼伤嫩叶。应给予遮阳或置散射光充足处。也忌过阴，过阴时枝叶徒长，软弱叶片失去光泽，有彩色条纹的颜色变淡消失。
- 浇水应"干湿相间而偏湿"，盆土过干易引起叶尖干枯，基部叶片萎黄，生长不良。
- 空气过干会引起叶尖枯焦，应经常向枝叶及四周喷水。
- 每月追施 1 次稀薄液肥，绿叶种应施以氮为主的肥料。

秋
季

- 给予充足的阳光或散射光。
- 按"干湿相间而偏湿"的要求浇水，保持盆土湿润。同时经常向四周喷水。
- 每月施 1 次薄肥，应增施磷钾肥，提高抗寒力。

- 不耐寒，越冬温度需保持 10℃以上。绿叶富贵竹抗寒性较强，能耐 2℃低温。
- 给予充足阳光；控制浇水，维持盆土稍湿润；停止施肥。

亚里垂榕

学　名　*Ficus binnendijkii 'Alil'*
科属名　桑科榕属

亚里垂榕

金叶长叶榕

形态特征　常绿灌木或小乔木，是长叶榕的栽培品种。叶互生，革质，线状披针形，全缘，叶面曲角。叶背主脉凸出，淡红色，叶片稍下垂。栽培品种有金叶长叶榕（'golden leaves?'），叶片金黄色。

欣　赏　叶片似柳随风飘逸，树姿十分优美，而且性强健，易栽培，并具有一定的耐阴性，小盆株可布置窗台、几桌，大的盆株则宜点缀厅堂等空间较大处。

保健作用　能有效吸收空气中的有毒有害气体。

常见问题	原　因
叶片发黄、落叶	①肥料不足；②过于荫蔽；③盆土过湿；④冬季温度过低

- 高空压条：5～6月进行，经2个月可生根。环剥处生根多时剪离母体另行栽植。
- 喜充足光照，也耐半阴。应给予充足阳光，或置明亮散射光处。
- 喜湿润，不耐旱。应充分供水，保持盆土湿润。过干叶片发黄并造成落叶，过湿也会导致大量落叶，甚至植株烂根死亡。
- 每半月施1次以氮为主的肥料，使枝叶旺盛，叶片亮丽。肥料不足会引起叶片发黄并导致落叶。
- 植株生长快，每1～2年翻盆1次。

- 扦插繁殖：于梅雨季进行。将枝端剪成长8～10厘米的插穗，剪口蘸草木灰。插后保持半阴和环境湿润，经3～4周生根。
- 置明亮散射光处，不宜过于荫蔽，否则会引起大量落叶。
- 充分供水，保持盆土湿润。但不宜过湿，梅雨时及时倒去盆中积水。
- 天晴空气干燥时，经常向枝叶及四周喷水。
- 每半月施1次以氮为主的肥料。

- 给予充足阳光，或置明亮散射光之处。
- 充分供水，保持盆土湿润。天晴空气干燥时，经常向枝叶及四周喷水。
- 每半月施1次肥料，以磷钾肥为主，以提高植株抗寒力。

- 不耐寒，安全越冬温度为5℃，温度低会落叶。
- 给予充足的阳光；控制浇水，保持盆土较干燥状态有利于越冬；停止施肥。

垂枝榕

垂枝榕

学　名	Ficus benjamina
科属名	桑科榕属
别　名	垂叶榕，垂榕

斑叶垂枝榕

花叶垂枝榕

形态特征　常绿乔木。全株具乳汁。枝干易生气生根，小枝多，柔软下垂。叶互生，椭圆形或倒卵形，顶端长尾状，革质，光亮，缘波状。栽培品种有：斑叶垂枝榕（cv. Variegata），叶面有黄绿相杂的斑纹。花叶垂枝榕（cv. Golden princess），叶脉与叶缘具不规则的黄色斑块。

欣　赏　树形婀娜多姿，叶色终年常绿；彩叶种类更是叶色绚丽，熠熠生辉。能长期置室内栽养。将数株植株的主干编成辫状或猪笼状，更富艺术情趣，宜布置厅堂等空间较大处。

保健作用　能吸收空气中的甲醛、二甲苯及氨气，净化浑浊的空气。

常见问题	原　因
落叶	①盆土过干；②过于荫蔽；③冬季温度过低
叶片黄化、焦叶	光照过强

- 扦插繁殖：晚春进行。剪取 1 ～ 2 年生木质化枝条，制成长 10 ～ 15 厘米的插穗，剪口蘸草木灰。插后保持插床湿润，经 1 个月可生根。
- 高压繁殖：晚春进行。经 1 ～ 2 个月可生根。
- 喜明亮散射光，有一定耐阴能力。应给予充足阳光，或将植株置散射光充足处。
- 浇水应"干湿相间，宁湿勿干"，保持盆土湿润。
- 每月施 2 ～ 3 次以氮为主的肥料。彩色斑纹种类生长较慢，可减少施肥并增施磷钾肥。
- 早春应修剪，删去树冠内部的交叉枝、内向枝、枯枝和细弱枝，短截突出树冠的窜枝，使内部通风透光良好并保持树形圆整。
- 每 2 年翻盆 1 次。

- 耐高温，温度 30℃以上也能生长良好。
- 不耐强烈阳光曝晒，光照过强会灼伤叶片而出现黄化、焦叶，应进行遮阳。也忌过阴。
- 充足供水，保持盆土湿润。天晴干燥时经常向枝叶及四周喷水。
- 每月施 2 ～ 3 次以氮为主的肥料。斑纹品种若过多或单纯施用氮肥，斑纹会变淡甚至消失。

- 给予充足阳光，或将植株置散射光充足处。
- 按"干湿相间，宁湿勿干"的要求浇水，保持盆土湿润。天晴干燥时经常向枝叶及四周喷水。
- 停施氮肥，追施磷钾肥，提高植株抗寒力。

- 不耐寒，安全越冬温度为 5℃。斑叶品种耐寒力稍差，最好保持在 8℃以上。
- 给予充足阳光；控制浇水，低温而盆土过湿易导致烂根；停止施肥。

橡皮树

学　名　*Ficus elastic*

科属名　桑科榕属

别　名　印度橡皮树，橡胶树

橡皮树

斑叶橡胶榕

黑叶橡胶榕　　　　　　美叶橡胶榕

形态特征　常绿乔木。全株有乳汁。树皮灰褐色，茎干易长气生根。叶椭圆形至长椭圆形，全缘，厚革质，深绿色，有光泽。栽培品种有：黑叶橡胶榕（cv. Decora Burgundy），叶紫黑色。美叶橡胶榕（cv. Decora Tricolor），叶片上具乳白，绿和暗红色不规则斑块。斑叶橡胶榕（cv. Variegata），叶面布满乳黄色和灰绿色不规则条纹和条斑。

欣　赏　叶片肥厚，革质光亮，清丽大方，叶片具彩色斑纹的种类更是美丽夺目。小型植株可点缀窗台、晒台和案几，中大型植株可布置客厅、书房等。较耐阴，非常适宜室内栽养。

保健作用　吸收一氧化碳、二氧化碳、氟化氢、甲醛等的能力很强，可吸收空气中的硫和氯，还能有效抑制放线菌的滋生。

常 见 问 题	原　　因
叶片下垂甚至落叶	①过于荫蔽；②盆土过干或过湿
叶面具斑纹的种类颜色褪淡变绿	①单纯施用氮肥；②光照过弱

- 扦插繁殖：春末夏初进行。结合打顶将枝条剪成长 15 ～ 20 厘米的插穗，剪口蘸草木灰。插后保持半阴和湿润，经 1 ～ 2 月可生根。
- 高压繁殖：春末夏初进行。15 ～ 20 天可生根，生根多时剪离母体上盆。
- 给予充足阳光，在半阴或散射光充足处也能较正常生长。过于荫蔽时植株无神，叶片下垂，甚至严重落叶。
- 喜湿润，不耐旱，浇水应"宁湿勿干"。盆土过干会引起植株落叶，严重时顶芽发黑干枯。盆土过湿，则落叶烂根。
- 喜肥，每月施 1 ～ 2 次氮磷钾结合的肥料。
- 小苗应截顶，以后每年对新枝进行短截，以形成圆满的树形。
- 因生长迅速、根系发达，应每年翻盆；大盆可 2 ～ 3 年翻盆 1 次。

- 即使在高温期也需全光照。也耐半阴，但生长势差些。斑纹种类和黑叶橡胶榕需适当遮阳，但不宜过阴，否则美丽颜色会褪淡变绿。
- 高温时及时补充水分，不让盆土过干。同时经常向枝叶及周围喷水，空气湿润时生长势更好，叶片更亮丽；空气干燥时，叶面粗糙并失去光泽。
- 每月施 1 ～ 2 次氮磷钾结合的肥料，斑叶种避免单纯施用氮肥。

- 给予充足阳光，或置散射光充足处。
- 叶面大，水分蒸腾量大。应根据"宁湿勿干"的要求浇水，避免盆土过干。
- 每月施 1 ～ 2 次以磷钾为主的肥料，提高植株抗寒力。

- 不耐寒，安全越冬温度为 5℃。应置室内向阳之处。
- 控制浇水，保持盆土较干燥的状态，否则易烂根。同时停止施肥。

棕竹 | 花叶棕竹

棕竹

学 名 *Rhapis excels*

科属名 棕榈科棕竹属

别 名 观音竹，筋头竹

形态特征 常绿灌木。茎干直立，不分枝，包有褐色网状纤维。叶集生茎顶，掌状深裂。品种有花叶棕竹（var. *variegata*），叶色深绿，有光泽，具黄色或白色斑纹。

欣 赏 株形紧密秀雅，叶色浓绿苍翠，耐阴性又强，是传统的室内优良观叶植物；花叶棕竹观赏价值更高。可作中、小型盆栽，布置厅堂、居室、阳台等处。

保健作用 能净化空气，有很强的清除污染能力。

常见问题	原　因
叶片变黄枯焦	①光照过强；②盆土过干
叶片焦边	空气过于干燥

- 分株繁殖：结合翻盆进行。将密集盆株从地下匍匐茎处分为数丛，每丛保留 3 株以上的茎干，然后分别上盆。
- 喜半阴，极耐阴。给予充足阳光，或置散射光充足处。
- 喜湿润，不耐干旱。浇水掌握"宁湿勿干"，保持盆土湿润，但忌过湿，否则会烂根。
- 每月施 1 ~ 2 次以氮为主的肥料，使叶色浓绿光亮。花叶棕竹生长较慢，所需养分也少些，每月施 1 次低氮高磷钾复合肥，氮肥过多会使黄白色斑纹减退。
- 每 2 ~ 3 年翻盆 1 次。

- 忌强光直射，光照过烈，叶片变黄枯焦、生长缓慢，应进行遮阳。
- 充分供给水分，保持盆土湿润。经常向枝叶及四周喷水，可利于生长，并使叶片光亮。空气过于干燥时，叶片易焦边。
- 每月施 1 ~ 2 次肥料，如掺入少量硫酸亚铁溶液或施用矾肥水，可使叶片更加油绿光亮。

- 给予充足阳光，或置散射光充足处。
- 浇水"宁湿勿干"，保持盆土湿润。经常向枝叶及四周喷水。
- 每月施 1 ~ 2 次肥料，应以磷钾为主，以利越冬。

- 稍耐寒，可忍耐 0℃左右低温，但以维持 5℃以上为宜。
- 给予充足阳光；控制浇水，保持盆土较为干燥的状态；同时停止施肥。

夏威夷椰子

形态特征 常绿小灌木。茎丛生，细直。叶羽状全裂，裂片披针形，深绿色，具光泽。

欣 赏 茎干似竹，叶片浓绿而富光泽，可置光照较差的居室装饰环境，给人似入竹林的感觉，也是港台地区流行并作庆贺送礼的佳品。

保健作用 能净化空气，有很强的吸收甲醛、三氯乙烯和汞的能力。

学 名 *Chamaedorea seifrizii*

科属名 棕榈科袖珍椰子属

别 名 绿茎椰子，竹节椰子

常见问题	原 因
烂根	①盆土过湿；②用黏质土栽种
叶片变黄变淡	光照过烈

- 分株繁殖：结合翻盆进行。将茂密的植株分为数丛后分别栽植，分开的新株每丛需有 5 ~ 7 根茎干。
- 喜半阴，给予充足阳光，或置散射光充足处。耐阴性较强，可在室内较暗处摆放 1 ~ 2 个月。
- 喜湿润，应充分供给水分，保持盆土湿润。但忌过湿，否则会烂根。
- 每月施 1 ~ 2 次以氮为主的肥料，促进植株生长。
- 每 1 ~ 2 年翻盆 1 次，不宜用黏质土栽种。

- 忌强光直射，光照过烈时叶片变黄变淡，应遮阳。
- 充分供给水分，经常向枝叶及四周喷水，可使叶片浓绿而富有光泽。
- 每月施 1 ~ 2 次以氮为主的肥料。

- 给予充足阳光，或置散射光充足处。
- 充分供给水分，保持盆土湿润。经常向枝叶及四周喷水，空气过干时，叶片会失去光泽并导致叶尖和叶缘枯焦。
- 每月追施 1 ~ 2 次肥料，并施 1 ~ 2 次磷钾肥，以利于植株越冬。

- 稍耐寒，可忍耐短时 0℃低温，但以维持 5℃以上为宜。
- 给予充足阳光；控制浇水，保持盆土较为干燥的状态；停止施肥。

散尾葵

形态特征 常绿灌木。茎干圆柱形，老叶脱落后形成环状纹。叶羽状全裂，拱形，裂片披针形，亮绿色。

欣　赏 枝叶茂盛，茎干如竹，具热带风韵情调，欧美人士称其为"披着绿衣的美男子"。又因其叶片向四周放射状生长，在港澳等地被视为"四面腾达"的象征而备受青睐。

保健作用 能吸收空气中甲醛、二甲苯等有害气体。因其叶面积大，蒸腾作用强，也是天然的加湿器。

学　名 *Chrysalidocarpus lutescens*

科属名 棕榈科散尾葵属

别　名 黄椰子，竹椰

常见问题	原　因
叶片发黄	①用透气性差的盆土栽植；②光照过烈；③冬季温度过低
叶柄变长下垂	①单纯施用氮肥；②过于荫蔽

- 分株繁殖：结合翻盆进行。选择分蘖多的植株，用利刀分成数丛，每株应有苗 3 ~ 5 支，然后分别种植。
- 给予充足阳光，或置散射光充足处。喜半阴，较耐阴，能在明亮的室内长期置放。但春末夏初萌蘖时需较多光照，应尽可能接受早晚阳光。
- 不耐干旱，也不耐水湿。应充分供给水分，不使盆土过干或过湿。过干叶端会枯焦，过湿易导致烂根。
- 对肥料要求较多，每半月施 1 次氮磷钾结合的肥料。
- 每 2 ~ 3 年翻盆 1 次。忌用细砂土等透气性差的土栽植，否则影响根系吸收，引起叶片发黄。

- 忌强烈阳光曝晒。光照过烈，叶片粗糙而发黄、叶尖枯焦。应进行遮阳或置于散射光充足处。
- 充分供给水分，保持盆土湿润而不过干、不过湿。同时经常向植株及四周喷水，空气过干会导致叶尖枯焦。
- 每半月施 1 次氮磷钾结合的肥料，忌单纯施用氮肥，否则叶片弓垂。

- 给予充足阳光，或置散射光充足处。但不宜过阴，否则叶柄变长下垂，生长势减退，株形散乱。
- 充分供给水分，浇水应"干湿相间"。并经常向植株及四周喷水。
- 每半月施 1 次肥料，停施氮肥，增施磷钾肥，以利越冬。

- 畏寒冷，安全越冬温度应在 10℃以上。
- 给予充足阳光；控制浇水，保持盆土略为干燥的状态；停止施肥。

软叶针葵

形态特征 常绿乔木。茎单生,上具残存三角形叶柄残基。叶羽状全裂,裂片狭线形,在叶轴上 2 列排列,质较软。

欣　赏 株形优美婆娑,叶片拱垂柔和,叶色碧绿苍翠,具有较好的耐寒性和耐阴性,为极佳的室内观叶植物种类。但叶片基部有刺,家中如有小孩不宜置放,或剪去刺尖后再摆放。

保健作用 有很强的吸收甲醛和二甲苯的能力。

学　名	*Phoenix humilis*
科属名	棕榈科刺葵属
别　名	美丽针葵,金山葵

常见问题	原因
叶片发黄	①缺铁性黄化;②光照过烈
新叶细瘦,株形松散	过于荫蔽

- 种子贮藏后春播，播后保持苗床湿润，3 ~ 4 个月可出苗。
- 幼龄植株稍喜阴，成株则喜充足阳光，也耐半阴。发叶期若光照不足，则新叶细瘦，株形松散。
- 喜湿润，也有较强耐旱力。应充分供给水分，保持盆土湿润。
- 耐贫瘠，每半月施 1 次以氮为主的肥料，促使生长旺盛、叶色浓绿青翠。
- 每 1 ~ 2 年翻盆 1 次。因根系生长快，种植时沿口需留深些，否则根系会长满盆而影响浇水等。

- 耐高温，在 35℃条件下仍能正常生长。
- 忌强烈阳光曝晒，应遮阳或将植株置散射光充足处，早晚最好多接受阳光。
- 充分供给水分，保持盆土湿润。但要防止过湿和积水，以免导致烂根。干燥时经常向植株和四周喷水。
- 每半月施 1 次以氮为主的肥料。如新发的叶片出现黄化，可喷施或浇灌 0.3% 的硫酸亚铁溶液。

- 播种繁殖，种子成熟后随即播种。
- 给予充足阳光，或置散射光充足处。
- 充分供给水分，保持盆土湿润；经常向植株和四周喷水。每半月施 1 次肥料。

- 稍耐寒，能忍耐短时 0℃左右低温，但越冬温度最好 5℃以上。
- 给予充足阳光。控制浇水，保持盆土较干燥的状态。停止施肥。

鹅掌柴

学　名	*Schefflera octophylla*
科属名	五加科鹅掌柴属
别　名	鹅掌藤，鸭脚木

鹅掌柴

香港斑叶鹅掌柴

斑叶鹅掌柴

香港鹅掌柴

形态特征　常绿灌木。分枝多。掌状复叶，小叶椭圆形或倒卵形，全缘，革质，浓绿色，有光泽。常见变种有：斑叶鹅掌柴 (var. *variegata*)，叶面有白色斑纹；香港鹅掌柴 (cv. Hong Kong)，小叶较宽，先端钝圆；香港斑叶鹅掌柴 (cv. Hong Kong-Variegata)，为香港鹅掌柴的斑叶品种。

欣　　赏　株形茂盛，叶片浓绿，而且容易栽养，适宜居室置放，是最适宜家庭栽培的观叶植物之一。

保健作用　能吸收空气中的尼古丁和其他有毒有害物质，并通过光合作用将其转换成无害的植物自有物质，还有较强吸收甲醛的能力。

常 见 问 题	原　　因
落叶	①盆土过干或过湿；②过于荫蔽；③冬季温度过低
叶片变黄、焦尖、焦边	强光曝晒

- 扦插繁殖：萌芽前进行。将长 10 ~ 12 厘米的枝梢齐节剪下作插穗，插后保持湿润，1 ~ 2 个月可生根。
- 高压繁殖：5 ~ 6 月进行。
- 喜阳，也较耐阴。给予充足阳光，或置散射光充足处。
- 怕干旱，也不耐水湿，过干、过湿都会引起落叶，浇水应"不干不浇"。
- 每月施 1 ~ 2 次以氮为主的肥料。斑纹种类应磷钾肥配合，如单施氮肥，则叶片颜色褪淡变绿；如根外喷施 0.2% 磷酸二氢钾，可使斑纹更鲜艳。
- 结合扦插剪去枝梢，促使萌发新枝，形成茂密的树形。
- 因生长快，根系发达，每年翻盆 1 次。

- 梅雨季扦插繁殖。
- 忌强光曝晒，烈日直射叶片会变黄、焦尖、焦边，应遮阳或置散射光充足处。但不宜过阴，否则会严重落叶。斑纹种类在光照过强或过弱时，鲜丽颜色都会褪淡。
- 浇水应"不干不浇，浇则浇透"，保持盆土湿润。天晴干燥时经常向植株及四周喷水，空气过干叶片易褪绿变黄。
- 每月施 1 ~ 2 次肥料。

- 扦插繁殖。
- 给予充足阳光，或置散射光充足处。
- 按"不干不浇"要求浇水，不让盆土过干或过湿。天晴干燥时经常向植株及四周喷水。
- 每月追施 1 ~ 2 次磷钾肥，应停施氮肥，以增加抗寒力。

- 不耐低温，安全越冬温度为 5℃，接近 0℃时会引起大量落叶。
- 给予充足阳光。节制浇水，让盆土稍微湿润即可。停止施肥。

米兰

米兰

学　名	*Aglaia odorata*
科属名	楝科米仔兰属
别　名	米仔兰，树兰

形态特征　常绿灌木或小乔木。多分枝。奇数羽状复叶，小叶倒卵形至矩圆形，薄革质。6～10月开花，圆锥花序腋生，花小，黄色，极芳香。栽培变种有斑叶米仔兰（ var. *variegata* ）。叶片有黄色斑块或斑点。

欣　　赏　树姿秀丽，叶色光亮，自夏至秋可连续开花4～5次，开花时金英串串，香气似兰，浓郁袭人，令人陶醉，宜点缀阳光充足的阳台、晒台与庭院等处。

保健作用　能吸收家用电器、塑料制品、装饰材料散发的有毒有害气体，开花时散发的挥发油具有杀菌作用。

常见问题	原　　因
叶片黄化	①缺铁性黄化；②缺肥；③盆土过干
开花少，开花不香	①光照不足；②肥料不足；③温度过低

春季

- 喜阳，阳光充足时枝条粗壮、叶色浓绿，开花次数多且香气浓郁。
- 浇水应"干湿相间"，忌湿涝，排水不良会使叶片未黄先落。也不宜过干，否则不长新叶、叶色泛黄、叶缘干枯，甚至大量落叶。
- 生长快，故需肥量大。每 10 天施 1 次以氮为主的肥料。
- 结合翻盆剪去过密的分叉枝、细弱枝和病虫枝，短剪过长的枝条。
- 每 1 ~ 2 年翻盆 1 次。忌碱性土，碱性大时叶片易黄化。

夏季

- 扦插繁殖：梅雨季进行。剪取顶端半成熟枝条，制成长 10 ~ 12 厘米的带踵插穗。插后在遮阳和湿润条件下，经 50 ~ 60 天生根。
- 高压繁殖：春末夏初进行，经 50 ~ 100 天生根。
- 喜高温，32 ~ 35℃时生长茂盛，花芽分化多，而且花艳香浓。
- 给予充足光照。光照不足，则枝条细弱徒长、叶片瘦小而薄、叶色浅绿无光、开花次数少甚至不开花，即使开花也香味不浓。
- 由于生长迅速和不断开花，需供给充足水分，但需待盆土变干后再浇水。开花期过湿会引起落蕾落花，甚至烂根。
- 天晴干燥时经常向植株四周喷水。
- 每 10 天施 1 次磷钾为主的肥料，肥料不足，开花减少、花不香。
- 随时剪去过密的枝条，使内部通风透光良好，利于生长与开花。

秋季

- 充分接受阳光。
- 按"干湿相间"的要求浇水，保持盆土湿润。天晴干燥时经常向植株四周喷水，提高空气湿度。
- 停施氮肥，施用磷钾肥，以利植株越冬。

冬季

- 不耐寒，越冬温度保持 5℃以上，低于 5℃时会出现黄叶和落叶。
- 充分接受阳光，光照不良也会导致黄叶和落叶。
- 控制浇水，保持盆土干燥。低温而盆土过湿，叶片会变黄脱落，甚至烂根。停止施肥。

白掌

学　名	*Spathiphyllum floribundum*
科属名	天南星科白鹤芋属
别　名	白鹤芋，银苞芋

白掌

花叶白掌

形态特征　多年生常绿草本。丛生状。叶长圆形或近披针形，有长尖，暗绿色，缘略呈波状。5～10月开花，花葶高出叶面；佛焰苞稍卷，白色，间或淡绿色。有花叶种。

欣　　赏　株形丰满，叶色青翠，白色佛焰苞大而显著，高挺于叶面之上，如同高举的手掌，故称白掌；也似乘风破浪的白帆，因而有"一帆风顺"之名。在欧洲被视为"清白之花"，具有纯洁平静、祥和安泰之意。是观叶、观花俱佳的优良室内观赏植物。

保健作用　可吸收空气中的苯、三氯乙烯和甲醛等有毒有害气体，具有很强的净化空气能力。

常见问题	原　因
叶片下垂，叶色变淡，不开花	光照不足
叶尖、叶缘枯焦	强光曝晒；空气过于干燥；温度过低

春季

- 分株繁殖：结合翻盆，用利刀将植株分成若干小丛后分别栽植。
- 给予充足阳光，或置散射光充足处。有极强的耐阴性，但光线太暗时生长瘦弱、叶片下垂、叶色变淡，且不易开花。
- 喜湿润，不耐干旱，盆土过干新叶变小、变黄，甚至枯黄。应充足供水，保持盆土湿润而不干旱。
- 生长迅速、分蘖多，故需肥量大。每 1 ~ 2 周施 1 次氮磷钾结合的肥料，促使生长与开花。
- 每 1 ~ 2 年翻盆 1 次，于萌芽前进行。

夏季

- 忌强光曝晒，光照过强，则叶片暗淡并失去光泽、叶尖及叶缘枯焦，应遮阳。
- 充足供水，保持盆土湿润。也不宜过湿，否则叶片弯曲下垂、叶色枯黄，甚至烂根。
- 空气干燥时，新长的叶片变小、卷曲、发黄，叶尖、叶缘枯焦，花期缩短。应经常向叶面及周围喷水，保持环境湿润。
- 每 1 ~ 2 周施 1 次氮磷钾结合的肥料。

秋季

- 给予充足阳光，或置散射光充足处。
- 浇水应"间干间湿而偏湿"，保持盆土湿润。空气干燥时经常向叶面及周围喷水。
- 每 1 ~ 2 周施 1 次磷钾结合的肥料，促使植株生长与开花，并利于越冬。

冬季

- 不耐寒，安全越冬温度为 10℃。低温时叶片边缘与叶尖褐化，甚至地上部焦黄枯萎。
- 给予充足阳光。停止施肥。
- 控制浇水，长期低温和盆土潮湿，易引起根部腐烂、叶片枯黄。

大花君子兰

学　名　*Clivia miniata*

科属名　石蒜科君子兰属

别　名　君子兰，剑叶君子兰

大花君子兰

花叶君子兰

形态特征　多年生常绿草本。根肉质，由叶鞘集成假鳞茎。叶片剑形，排列成扇形，深绿色，革质。冬春开花，顶生聚伞花序，花直立，漏斗状，具橙红、橙黄、深红等色。有花叶种。

欣　赏　四季常青，富有光泽，叶形似剑，花色艳丽，观花期长，是叶、花俱佳的观赏花卉，被誉为"既承君子魂，又负幽兰韵"的君子之花。

保健作用　对硫化氢、一氧化碳、二氧化碳等的有毒气体有很强的吸收能力，能吸附空气中的粉尘和烟雾，有"空气吸尘器"的美誉。

常见问题	原　因
叶片有斑点，叶尖和叶缘发黄枯焦	光照过强引起日灼；施肥过浓；机械损伤、害虫啃食等原因感染叶斑病
开花夹箭	温度过低；供水不足；养分缺乏

- 播种繁殖：种子大，宜点播，播种深度为种子的2倍。约20天发根，60天长出第1片真叶。应控制浇水，以防幼苗徒长，并促进根系生长。
- 分株繁殖：开花后结合翻盆进行。
- 上盆与翻盆：以清明前后为好。忌碱土，pH值超过7时，生长与开花均会受影响。
- 给予充足阳光，开花前要保证8小时以上的阳光。强光直射下花色艳，但花期短；光线差时花期长，但花色较淡。
- 有一定耐旱性，浇水应"不干不浇，浇则浇透"，保持盆土湿润而偏干的状态，过湿易烂根。
- 每7～10天施1次磷钾为主的"促花肥"，开花期停止施肥，开花后施以氮为主的肥料，促进叶片生长。
- 为异花授粉花卉，应以不同品种或亲缘关系远的不同植株进行授粉，授粉宜在上午10点钟左右进行。

- 不耐高温，超过28℃时叶片徒长，甚至烂叶与烂根。超过30℃进入半休眠，应采取喷洒叶面水和加强通风等措施降温。
- 忌强烈阳光曝晒，应遮阳或置散射光充足处，如能接受早晚的光照，则对生长有利。
- 浇水应"不干不浇，浇则浇透"，不让盆土过湿。过湿、高温和不通风时易患根腐病，导致烂根与黄叶。适当控水有利于花芽分化。
- 天晴干燥时经常向植株周围喷水，提高空气湿度和降低温度。高温时停止施肥。

- 播种繁殖：种子成熟后随采随播。

大花君子兰播种育苗

- 分株繁殖：当基部小株长有 5～6 片叶子时，可用利刀切下另行栽植。分割后在伤口处涂木炭粉或硫磺粉，晾 2～3 天后上盆。
- 上盆与翻盆：以寒露前后上盆为好；翻盆在 9 月进行。
- 给予充足阳光。盆株放置时应让叶片伸展方向与光线射入方向基本平行，否则叶片会变得散乱。
- 浇水应"不干不浇，浇则浇透"；天晴干燥时经常向植株周围喷水，有利于叶色润泽。
- 秋季生长的好坏将直接影响第 2 年的生长和开花，应每 7～10 天施 1 次氮磷钾结合的肥料，可使冬季抽箭多、开花大、色彩丽。

- 不耐寒，越冬温度应维持 5℃以上。低于 12℃会影响抽箭和开花，易出现"夹箭"现象。但温度过高会引起徒长。
- 控制浇水，盆土以稍干为宜。低温时停止施肥。

扶郎花

学　名 *Gerbera jamesonii*

科属名 菊科扶郎花属

别　名 非洲菊，灯盏花

形态特征　多年生常绿草本。叶基生，椭圆状披针形，羽状浅裂或深裂。气温合适时可周年开花，头状花序高出叶丛，单瓣或重瓣，有白、淡黄、黄、金黄、橘黄、橙红、粉红、红、玫红、紫红及红白相间、洒金等色。

欣　　赏　花色艳丽，花期长久，与玫瑰、康乃馨、唐菖蒲同为四大切花花卉，也可盆栽观赏。

保健作用　能祛除与吸收由装修及现代化办公设备产生的甲醛、苯等有毒有害气体。

常见问题	原　因
根茎腐烂	栽植过深
叶片失绿、花茎细弱，花色暗淡，花小而少	光照不足
叶片生长旺盛但不开花	施用氮肥过多

- 分株繁殖：结合翻盆进行。将母株分切成数丛分别种植。栽植不宜深，要让根茎部略露出土面，以防止根茎腐烂。
- 喜光，给予充足阳光。忌过阴，否则叶片失绿、花茎细弱、花色暗淡、花小而少，甚至不能开花。
- 喜湿润，应充分供水，保持盆土湿润。开花期尤忌缺水，过干时叶片黄化、叶缘枯焦、花茎变短（甚至短得隐于叶中）。
- 喜肥，每周施 1 次肥。上盆缓苗后需施氮肥，促发棵和生长健壮。花芽分化及花期多施磷钾肥，使开花多且形大色艳。
- 生长过旺时摘去部分老叶，可利于新叶新蕾萌发，增强长势和不断开花。
- 盆栽应选矮生品种，栽植宜用口径 10 ~ 15 厘米的盆，每盆 2 株。忌黏重和碱性土壤，pH 值过高会导致缺铁症。每年需翻盆 1 次。

- 不耐酷暑，炎热时进入半休眠。应采取喷水和加强通风等措施，营造凉爽环境。
- 畏烈日曝晒，应遮阳或置大树底下等半阴处。阳光过强，叶片发黄、花枝变短。
- 控制浇水，盆土不干就不要浇水，盆土过湿易导致烂根、烂叶。天晴干燥时经常向四周喷水。

- 给予充足阳光。
- 充分供水，但忌水涝，否则易患病害，甚至烂根死亡。因全株被毛，沾水不易变干，故要避免水淋浇在植株上，尤忌叶丛中心水湿，否则花芽与叶心易烂。
- 每周需施 1 次肥。肥料应氮磷钾配合,使生长茁壮和开花形大色艳。

- 不耐寒，要求越冬温度不低于 5℃。应给予充足阳光。
- 控制浇水，保持盆土干燥。温度降至 10℃ 以下时，应停止施肥。

菊花

学　名	*Dendranthema marifolium*
科属名	菊科菊属
别　名	菊华，节花

形态特征　多年生宿根草本。茎直立。叶卵形或阔卵形，羽状浅裂或深裂。10～12月开花，头状花序，品种繁多，具白、雪青、淡黄、金黄、玫红、紫红、黑红及绿白、淡绿等色或复色。

欣　　赏　为中国十大名花之一，与松、竹、梅同誉为花中"四君子"，开花时傲雪凌霜，自古以来为高风亮节、清雅洁身的象征，深受人们喜爱。现已成国际花卉市场销售量最大的花卉种类之一。

保健作用　能吸收甲醛、氯气、二氧化硫等有毒有害气体，有很强的吸附烟尘的能力，还有抗病毒、抗菌、抗衰老等作用。

常见问题	原　　因
脚叶脱落，植株基部空颓	①盆土过干或过湿；②浇水、下雨或施肥时泥土溅污叶片；③黑斑病危害；④肥力不足或施肥过浓；⑤密度过大而通风不良、光照过差

- 嫩枝扦插繁殖：3本菊于5月上旬扦插；5本菊于4月中旬扦插。选择粗壮充实嫩梢，制成长6～8厘米的插穗。插后保持湿润和半阴，经15～20天生根。
- 定植、上盆：插后1个月，通常3本菊在6月上旬、5本菊在5月中旬定植或上盆。幼苗种于口径10～12厘米的盆中，多本菊最好换盆2～3次，最后用口径20厘米的盆种植。
- 给予充足阳光，使生长健壮、节间短、叶片紧凑、叶片厚且有光泽。
- 喜湿润，有"干松湿菊"之说；但忌湿涝，积水时根系会窒息死亡。
- 苗期需肥不多，每半月追施1次以氮为主的肥料。
- 上盆后10天行第1次摘心，长出侧枝有5～6片叶时行第2次摘心。

- 能忍耐40℃以上的高温，但30℃以上时生长缓慢。
- 强烈阳光会抑制生长，叶色变浅或发黄，甚至灼伤叶片，故中午前后宜适当遮阳，以遮去20％～35％光照为最好，不宜超过50％。光照不足，则节间伸长、茎干细弱、叶片稀疏、叶薄而缺乏光泽，并对今后开花不利。
- 浇水过多或多雨易引起脚叶萎黄脱落，甚至烂根死亡。应按"干湿相间而偏潮"的要求浇水，并在雨后及时排水。
- 每半月施1次肥料，高温期肥液不宜浓，以免损伤根系。定头后生长旺盛，需肥量随之增大，应每10天施1次以氮为主的薄肥。8月下旬停施氮肥，增施磷钾肥，以利花芽生长。
- 摘心需经多次，直到8月上旬定头。定头后留3～5个健壮侧枝作开花枝，剪去其余枝条。

- 给予充足阳光，花瓣绿色的品种开花时需遮阳。
- 花蕾露色后花瓣迅速发育，对水分需要日增，应充分供水。
- 每10天施1次肥，花蕾出现后追施磷钾肥，花蕾露色后停止施肥。
- 花蕾长至豌豆大小时进行疏蕾，并随时摘除叶腋的萌芽。

龙舌兰

金边龙舌兰

银边龙舌兰

金心龙舌兰

白心龙舌兰

龙舌兰

学　名	*Agave Americana*
科属名	龙舌兰科龙舌兰属
别　名	龙舌掌，番麻

形态特征　多年生常绿肉质草本。茎极短。叶丛生，呈莲座状，匙状披针形，灰绿色或蓝灰色，有白粉，叶先端有硬刺尖，缘有钩刺。栽培变种有：金边龙舌兰（var. *marginata*），叶有黄色镶边；银边龙舌兰（var. *variegata*），叶缘具银白色镶边；金心龙舌兰（var. *mediopicta*），叶中央有黄色纵条纹；白心龙舌兰（var. *medio-picta alba*），中央有银白色条纹。

欣　赏　叶形奇特，美观大方，易栽养，宜置阳台、窗台等处。

保健作用　能吸收苯、甲醛和三氯乙烯等有毒有害气体。但儿童活动区域不宜放置龙舌兰，以免刺伤小孩。汁液有毒，皮肤过敏者避免接触。

春季

- 分株繁殖：结合翻盆将萌生的小株挖出分栽。
- 喜阳，也耐阴，在光照充足时生长最好。过阴时植株徒长变形，叶面易滋生褐斑病。
- 喜湿润，有较强耐旱力，在盆土湿润时生长最好，应充足供给水分。
- 粗生易长，对肥料要求不多，每月追施 1 次肥料。斑纹种类应增施磷钾肥，使斑纹颜色鲜丽。
- 生长迅速，根系拥挤时叶片明显变狭、萎软扭曲，需每年翻盆 1 次。

夏季

- 给予充足阳光。斑纹种类需适当遮阳，但不宜过阴，否则叶面的条纹会褪色。
- 充足供给水分，但忌积水，过湿根系易腐烂。梅雨季盆土积水时要及时倒除。

秋季

- 给予充足阳光。
- 植株生长转缓，应逐渐减少浇水。追施 1 ~ 2 次磷钾肥，以利安全越冬。

冬季

- 稍耐寒，安全越冬温度为 4℃。如保持盆土干燥，可在避风向阳处露地越冬。
- 给予充足阳光。控制浇水，保持盆土干燥。停止施肥。

常见问题	原因
叶面上有黑褐色圆形或不规则斑点	患炭疽病所致
斑纹种类叶面颜色褪淡变绿	①单纯施用氮肥；②光照过弱

虎尾兰

学　名 *Sansevieria trifasciata*

科属名 龙舌兰科虎尾兰属

别　名 虎皮兰，虎皮掌，千岁兰

金边虎尾兰

虎尾兰

形态特征　多年生草本。根状茎匍匐状。叶丛生，革质肥厚，线状披针形，暗绿色，有浅灰绿色的横纹。夏秋开花，小花白色至淡绿色，有香味。常见品种有金边虎尾兰（cv. Laurentii），又称黄边虎尾兰，叶缘金黄色。

欣　赏　株形紧凑整齐，叶形坚挺似剑，叶面斑纹如虎，色彩鲜丽明快，耐旱、耐阴性强，可置室内光照较差处装饰环境，是最适宜居室栽养的花卉种类。

保健作用　有很强的吸收甲醛、苯、氯乙烯的能力，还能分泌杀菌剂，抑制有害细菌生长。

常 见 问 题	原 因
叶片出现黄色灼斑或干尖	光照过强
叶片色泽变淡，甚至烂根死亡	浇水过湿或积水，高温多湿易发生

将母株分割成小株

- 分株繁殖：用利刀将母株与子株间的根状茎分开，分割的子株应有一定数量的根系和 3 ~ 4 片叶。
- 扦插繁殖：用叶插法。将叶片切成长 5 ~ 7 厘米的小段，待切口干燥后直插或斜插于基质中。在 15 ~ 25℃条件下，约 1 个月可从叶段基部发根，并长出小苗。斑锦品种叶插产生的后代，原有的金边会消失。
- 喜光，给予充足阳光。十分耐阴，能在庇荫处常年摆放。
- 适应干旱缺水的环境，忌水涝。浇水应"干湿相间而偏干"。水分多时叶片色泽变淡，甚至烂根死亡。
- 耐贫瘠，可常年不施肥。但要良好生长，应每半月施 1 次氮磷钾结合的肥料。氮肥不宜多，否则叶面的斑纹变暗淡，叶色返绿。
- 每 2 ~ 3 年翻盆 1 次。盆钵不宜大，以较深的筒形花盆为宜。对土壤要求不严，但喜疏松肥沃和排水良好的砂质壤土。

- 生长适温为 20 ~ 30℃，高于 38℃时植株呈休眠状态，应加强通风。
- 忌强光曝晒，给予遮阳，遮去光照的 30% ~ 50%。光照过强，叶片会出现黄色灼斑或干尖。
- 节制浇水并停止施肥，高温多湿根茎容易腐烂。

- 给予充足阳光，可进行分株、扦插繁殖和翻盆。
- 每半月追施 1 次肥料，增施磷钾肥，以提高植株的抗寒力。

- 不耐寒，越冬温度不低于 8℃。如控制浇水，可忍耐 5℃的低温。
- 给予充足的阳光。节制浇水，停止施肥。温度过低、光照偏弱和盆土过湿时，植株易受冻。

中国芦荟

学　名　*Aloe vera var. chinensis*
科属名　百合科芦荟属
别　名　油葱，斑纹芦荟

中国芦荟

库拉索芦荟

形态特征　多年生草本，我国民间普遍栽培。叶肥厚，稍两列，狭长披针形，边缘有肉质刺齿，基部包茎，粉绿色。冬春开花，花浅黄有红斑。原种为库拉索芦荟（*A. vera*），也称美国芦荟。

欣　赏　株形奇异，叶色斑斓，花色艳丽，是花叶俱佳的多肉植物。繁殖和栽培容易，即使在干燥的阳台上也能良好生长。

保健作用　对甲醛与苯有着很强的吸收能力，还能吸收电子辐射，并在夜晚释放氧气，增加空气中负离子浓度。

常见问题	原因
植株瘦弱，颜色浅淡，不开花	光照过弱
叶缘、叶尖出现半圆形黑褐色小斑，后病斑中部下陷，边缘隆起	①患炭疽病；②在高温高湿且不通风、施用氮肥过多、盆土过湿时易发生

- 分株繁殖：植株易萌生小植株，用利刀割下，尽量多带根系，然后种植。
- 扦插繁殖：剪下茎干端部，放阴凉处 1 ~ 2 天后插于基质。在 20 ~ 28℃和湿润环境下，经 2 周可生根。
- 喜阳，给予充足阳光。光照越足，叶色越美丽，且株形矮壮、叶间紧凑。过阴时植株瘦弱，颜色浅淡，且不易开花。
- 耐干旱，忌湿涝。浇水应"不干不浇，宁干勿湿"，避免淋雨，盆土过湿易引起烂根。
- 对肥料要求不多，每月追施 1 次以氮为主的肥料。
- 每 1 ~ 2 年翻盆 1 次。喜肥沃疏松和排水良好的微酸性土壤。基质用腐叶土、园土、泥炭土、河砂等材料配制，并加入少量骨粉和石灰质。栽植不宜深，不要把下面叶片埋入土中，以免叶片腐烂。

- 适当遮阳，以免强烈阳光灼伤茎叶。
- 有短暂的休眠期，要控制水分，浇水过多易烂根死亡。同时停止施肥。
- 通风不良和过于潮湿时易患黑斑病，发生时可喷洒 65％代森锌可湿粉剂 600 倍液防治。

- 给予充足阳光。
- 按"不干不浇，宁干勿湿"的要求浇水，每月追施 1 次磷钾为主的肥料。

- 有一定抗寒力，能忍耐短期 0℃低温，但以不低于 5℃为好。
- 给予充足阳光，控制浇水，停止施肥。

不夜城芦荟　不夜城锦

不夜城芦荟

学　名　*Aloe nobilis*

科属名　百合科芦荟属

别　名　不夜城，大翠盘

形态特征　多年生草本。茎粗壮。叶三角状披针形，新叶叶缘有白色齿。冬末至早春开花，小花橙红色。有斑锦品种'不夜城锦'（f. variegata）。叶片有黄色或黄白色纵条纹。

欣　赏　植株清新雅致，株形优美紧凑，叶色碧绿宜人，是观赏芦荟中的佳品。尤其是不夜城锦的叶色斑驳，富于变化，陈设于室内，更为时尚高雅，别有情趣。

保健作用

常见问题	原　因
叶色变成褐绿色，并出现黑斑	强光曝晒
植株徒长，株形松散，叶片变薄	光照过弱

- 分株繁殖：植株基部易生蘖株，可将蘖株割下栽种。斑锦品种'不夜城锦'分株不宜用全部黄色的蘖株，否则很难成活。
- 扦插繁殖：将植株上部截下晾 10 天左右，待伤口干燥后扦插，经 3 ～ 4 周可生根。
- 喜充足阳光，耐半阴。光照充足时生长健壮，株形紧凑。光照不足，则植株徒长，株形松散，叶片变薄，斑纹种类的色彩会变得不明显。
- 生长适温为 20 ～ 28℃，春季为生长旺期。浇水应"不干不浇、浇则浇透"，忌过湿和积水，否则会烂根。每 15 ～ 20 天追施 1 次稀薄复合肥，同时经常向叶面喷水，空气湿润时叶片肥厚翠绿。
- 每年翻盆 1 次。喜疏松肥沃、排水良好的砂质壤土，基质可用泥炭土、河砂或蛭石各 2 份、园土 1 份，加少量骨粉或草木灰作基肥。

- 不耐高温，'不夜城锦'生长势较弱，对高温的抗性更差。应采取通风、遮阳和喷水等措施降温。并停止施肥。
- 忌烈日曝晒，应遮阳。

- 给予充足阳光。
- 按"不干不浇、浇则浇透"的要求浇水，每 15 ～ 20 天施 1 次薄肥。

- 温度不低于 10℃，植株可继续生长。不耐寒，越冬温度应保持 5℃以上。'不夜城锦'的耐寒性差些，应保持 7℃以上。
- 给予充足阳光。低温时节制浇水，保持盆土较为干燥的状态。温度低于 10℃时，停止施肥。

薰衣草

学　名	*Lavandula angustifolia*
科属名	唇形科薰衣草属
别　名	爱情草，拉文达香草

薰衣草

羽叶薰衣草

形态特征　常绿半灌木或亚灌木。全株有芳香，灰绿色。茎四棱形。叶线状披针形。5～8月开花，穗状花序顶生，花淡紫、紫色或桃红、白色。常见的有羽叶薰衣草（*L. multifida*），叶羽状。

欣　赏　是世界著名的芳香植物，全株具芳香味，以花穗留香最为持久。只要触摸它的任何部位，手指上便会沾到沁人心脾的幽香，有"香草女王"和"花之精灵"之誉，盆栽可布置窗台、阳台、客厅或书房。羽叶薰衣草虽很耐热，但味道奇异，主要用于观赏。

保健作用　全草含精油，为配制日用香精的重要原料。其植株香气浓郁，且具有明显的消炎杀菌、净化空气的作用。

常 见 问 题	原 因
开花稀少	光照不足或过强
植株死亡	浇水过多，特别是高温高湿且通风不良时易发生
叶片腐烂	浇水时水珠沾溅叶片

春季

- 繁殖：扦插结合修剪进行，剪取长 5 ~ 8 厘米枝条作插穗，插后覆薄膜、遮阳并保持湿润，2 周左右生根。分株结合翻盆进行。
- 喜光，要求阳光充足、通风良好。光照不足影响开花和精油产生。
- 喜干燥，耐旱，忌湿涝。盆土过湿，易烂根，必须待盆土变干后再浇水。因叶上有绒毛，要避免水沾溅到叶片，否则叶片易腐烂。
- 为生长最好时期，施肥要"薄肥勤施"，每半月施 1 次肥，多施磷钾肥，控制氮肥，以利于精油产生。
- 幼株需摘心，可促进分枝并多开花。以后长高时可通过缩剪控制高度。
- 宜选择耐热种类，如齿叶薰衣草、法国薰衣草、甜薰衣草等。幼苗长出 4 ~ 6 片真叶后上盆，忌黏重的土壤。每年翻盆 1 次。

夏季

- 高温时呈半休眠，高温、高湿、闷热极易导致植株死亡。温度超过 30℃时加强通风和环境喷水，营造凉爽环境。
- 气温高于 30℃时遮阳降温，遮阳虽会造成生长衰弱，但不致死亡。羽叶薰衣草在光照过强时生长衰弱、不开花甚至消蕾。
- 花蕾露色起要控制浇水，适当干燥花朵香味更浓。梅雨季将植株置避雨处，不然会降低精油量。同时应停止施肥。

秋季

- 播种繁殖：9 ~ 11 月进行，夏季炎热地区宜秋播。播后覆土 2 ~ 3 毫米，播后 1 ~ 2 周发芽。发芽后需充足的光照，光照弱时易徒长。
- 扦插繁殖：9 ~ 10 月结合修剪进行。
- 给予充足阳光，并按"不干不浇"的要求浇水，保持盆土湿润而偏干的状态。每半月施 1 次薄肥，宜多施磷钾肥，以利精油产生。

冬季

- 较耐寒，苗期耐寒性更强，具 4 ~ 5 对叶时可忍耐 -5 ~ -8℃低温。0℃以下进入休眠，盆栽入冬时宜置室内保暖。
- 给予充足阳光。节制浇水，保持盆土较干燥的状态。同时停止施肥。

迷迭香

学　　名　*Rosmarinus officinalis*

科属名　唇形科迷迭香属

别　　名　圣玛利亚的玫瑰，迷蝶香

形态特征　常绿亚灌木或多年生草本，有直立型与匍匐型两类。幼枝四棱，生有密毛。叶对生，狭长形或线形，边缘翻卷，灰绿色。6～7月开花，总状花序，淡蓝、粉红或白色，有浓郁香气。

欣　　赏　为名贵天然香料植物，被誉为"香草贵族"。在欧洲，广植于教堂四周，被视为神圣的供品，故有"圣母玛利亚的玫瑰"之称。盆栽可置于窗台、阳台、晒台等光照充足处。

保健作用　全草含精油，散发的香味有清心提神的功效，可促进脑和神经系统的血液循环，还具有杀菌、抗病毒的效用。

常 见 问 题	原　　因
香味不足	①光照不足；②施用氮肥过多
叶片变黄脱落	苗期氮素不足

- 扦插繁殖：选取一年生枝条，制成长 10 厘米的插穗，插后 20 ~ 30 天生根。
- 分株繁殖：将植株切成数丛后分别栽植。
- 喜充足光照和通风良好，阳光充足香味更加浓郁。光照不足和通风不良时，易引起病虫危害。
- 喜干燥，耐干旱。浇水应"不干不浇，浇则浇透"。不耐水湿，水分过多会使叶片或叶尖转为褐色并掉落，且容易烂根。
- 每半月施 1 次肥。苗期以氮为主，若出现部分叶片变黄脱落，说明氮素不足，应及时补充。
- 幼苗要摘心，使植株低矮丰满。生长多年的植株常会偏斜、下部叶片脱落、株形不美，可从根际部更新修剪。
- 每年翻盆 1 次。

- 不甚耐热，高温时生长缓慢，应采取遮阳、喷洒叶面水、加强通风等措施降温。
- 防止浇水过多或雨后积水，高温高湿易导致烂根死亡。
- 抽穗开花前追施磷钾为主的薄肥，促进开花和提高精油量。
- 生长旺期多摘心，以促发分枝。随时疏去过密和老化的枝条，使内部通风良好。

- 扦插繁殖：选用半木质化枝条作插穗。
- 给予充足阳光。
- 浇水"不干不浇，浇则浇透"，保持盆土湿润而偏干的状态。
- 每半月施 1 次肥，应注意氮磷钾配合。
- 随时疏去过密枝和老化枝。

- 较耐寒，地栽可露地越冬，盆株置室内御寒。
- 给予充足阳光。节制浇水，保持盆土干燥。停止施肥。

形态特征 多年生草本，全株有清凉气味。具匍匐根状茎。茎四棱形，中空。叶长椭圆形或卵状披针形，缘具锯齿，叶面多皱褶。8～10月开花，花淡红、青紫或白色。

欣　　赏 是最为大众化、利用最久的芳香植物种类。

保健作用 香味具有强劲穿透力，可提神醒脑、消除疲劳；有的种类有吸收有毒气体、净化空气的作用，如皱叶薄荷可以消除甲醛等，被称为"吸毒草"。

薄荷

学　名	*Mentha haplocalyx*
科属名	唇形科薄荷属
别　名	水薄荷、鱼草香

常 见 问 题	原　　因
叶片发黄脱落	严重缺水或盆土过湿
香味不足	光照不足

- 扦插繁殖：将枝条剪成长 10 ～ 12 厘米的插穗，插后保持半阴和湿润，经 10 ～ 12 天生根。也可分株繁殖。
- 喜阳，较耐阴。充足阳光利于香气形成，光照不足生长不良。
- 喜湿润，较耐涝。应充足浇水，保持盆土湿润。土壤经常偏干会抑制生长，严重缺水导致叶片发黄脱落。
- 喜肥，每月施 1 次肥。以氮肥为主，适当施入磷钾肥。
- 新梢长出后摘心 2 ～ 3 次，每次保留新梢 1 ～ 2 节。摘心要结合施肥，以促进新梢生长。
- 每年翻盆 1 次，盆栽用口径 15 ～ 20 厘米的盆。地栽忌连作。

- 扦插繁殖。
- 给予尽量多的直射阳光，孕蕾开花期更需充足光照，利于香气形成。
- 忌湿涝，浇水应"干湿相间而偏湿"，盆土过湿导致徒长、叶片变薄、根系发育不良、下部叶片脱落，且易遭受病害侵染。雨后要倒去盆中积水。
- 每月追施 1 次氮磷钾结合的肥料。
- 茎干过高时，可通过摘心控制高度。

- 分株繁殖：以 10 月下旬至 11 月上旬进行为好。将植株分成数丛后分别种植或上盆。也可将根茎挖出，切成长 6 ～ 10 厘米的小段，栽入深 10 厘米的沟中或盆中，经 15 ～ 20 天发芽。
- 给予充足阳光。
- 浇水应"干湿相间而偏湿"，保持盆土湿润而不过干、不湿涝。每月追施 1 次氮磷钾结合的肥料。

- 地下根状茎耐寒性强，可在 - 20 ～ -30℃低温下越冬。但地上部在气温降至 2℃时枯萎进入休眠。
- 减少浇水，土壤稍呈湿润即可。

百里香

百里香

学　名　*Thymus mongolicus*

科属名　唇形科百里香属

别　名　千里香，麝香草

银斑百里香

黄斑柠檬百里香

形态特征　半灌木或多年生草本。茎下部匍匐，上部直立，四棱形。叶狭长椭圆形或披针形，灰绿色，叶缘反曲。初夏开花，花白色带红色。同属常见花卉有：银斑百里香（*T. vulgaris*），叶缘具乳白色或银白色斑纹；斑叶柠檬百里香（*T. citriodorus* 'Variegata'），叶缘具金黄色斑纹。

欣　　赏　植株低矮，枝叶细小，有沁人肺腑之香，故有"香飘百里"之名，被誉为"香草公主"。

保健作用　全株含精油，用以点缀居室，不但香气四溢，令人心旷神怡，还有杀菌、提神醒脑的作用。

常见问题	原因
烂根	①盆土过湿，高温高湿时更易发生；②高温时施肥
植株徒长	光照不足

- 繁殖：采用压条法，将近土面的枝条埋入土中，生根后将其切下另外栽植。也可分株繁殖。
- 稍耐干旱，忌湿涝。盆土过湿，生长不良，精油含量降低，甚至烂根死亡。浇水要"不干不浇"，盆土宁可干一些也不要过湿。
- 喜充足阳光。光照不足，则植株徒长。
- 虽为旺盛生长期，但生长较慢，故不需太多肥料，每半月施1次薄肥。有斑纹种类应增施磷钾肥，使斑纹色彩鲜丽。
- 幼苗应摘心，以促发分枝，形成茂密株形。修剪需结合整形，既保持株形美观，又利于通风透光。修剪时避免剪至木质化部分，否则萌芽力变差，难以恢复长势。
- 每2年左右翻盆1次。

- 扦插繁殖。梅雨季进行，剪取具3～5节的半木质化顶梢作插穗。不带顶芽的枝条也可插活，但发根时间长。
- 高温高湿时生长衰弱，易产生腐烂，应采取环境喷水和加强通风等措施降温。阳光强烈时需适当遮阳，以免灼伤枝叶。
- 雨季及时倒去盆中积水；高温时控制浇水，防止盆土过湿。
- 此季植株生长较衰弱，施肥容易导致烂根死亡，应停施肥料。

- 秋初进行扦插繁殖。
- 给予充足阳光。
- 为旺盛生长期。按"不干不浇"的要求浇水，每半月施1次薄肥。
- 斑纹种类出现枝叶全绿的"返祖"枝条时，应立即剪去。

- 较耐寒，盆栽应置室内向阳处。
- 节制浇水，保持盆土干燥。停止施肥。

形态特征 多年生常绿草本。全株有刚毛和黏软毛。多分枝。叶 5～7 掌状深裂，具玫瑰型香气。4～5 月开花，伞房花序，花桃红或淡粉色，中心有紫红色斑点。

欣　　赏 叶片具浓郁香味，令人陶醉；春天能开出鲜丽的花序。繁殖方便，栽养容易，适宜家庭阳台、窗台等处栽养。

保健作用 含有的挥发油有明显的杀菌消毒作用，还有镇静、安神和平喘的功能。

香叶天竺葵

学　名	*Pelargoniu graveoleus*
科属名	牻牛儿苗科天竺葵属
别　名	香草

常见问题	原　因
生长与开花不良，香味淡	①光照不足；②高温导致植株半休眠
茎叶徒长，开花稀少	施用氮肥过多
烂根死亡	①盆土过湿，高温高湿时更易发生；②高温时施肥

春季

- 扦插繁殖：剪取具 2 ~ 3 节的顶梢作插穗，置通风处晾 1 天，待剪口稍干燥后扦插。插后保持湿润，经 14 ~ 21 天生根。
- 喜阳。阳光充足，则茎干矮壮、叶片厚实、香气浓郁，开花早而多。光照不足，生长与开花不良、香味变淡。
- 耐干旱，怕水湿。盆土过湿易徒长，甚至烂根死亡。浇水掌握"干湿相间"，保持盆土湿润而不过湿。
- 为生长与开花最旺时期，每 10 天施 1 次氮磷结合的肥料，促使生长健壮、开花多而艳丽。施用氮肥不宜多，否则茎叶徒长、株形不美、不利开花。
- 苗期摘心，促发分枝，形成丰满株形。

夏季

- 忌酷暑，高温期植株半休眠。应经常向四周喷水降温。
- 遮阳。强光曝晒会叶缘枯焦、生长不良并产生落叶。
- 湿涝极易烂根死亡，应控制浇水停止施肥，否则易烂根。

秋季

- 结合翻盆进行扦插繁殖。
- 给予充足阳光。
- 浇水应"干湿相间"，保持盆土湿润而不过湿。
- 植株再次进入适宜生长期，应每 10 天施 1 次以氮为主的肥料。因茎叶长满柔毛，要避免肥水沾污叶片，以免诱发病害。
- 如有过长枝条，可通过摘心控制高度并保持株形圆满。
- 老株恢复生长时应进行翻盆。翻盆时对枝条强剪，仅留基部的 3 ~ 4 节，可使生长矮壮丰满。

冬季

- 稍耐寒，冬季能耐 0℃低温，但越冬温度最好不低于 5℃。
- 给予充足阳光。
- 生长缓慢，需水量不多，保持盆土湿润而偏干的状态。温度低于 10℃时，停止施肥。

紫罗兰

学　名 *Matthiola incana*

科属名 十字花科紫罗兰属

别　名 草桂花，四桃克

形态特征　多年生草本，常作一二年生栽培。茎直立。叶矩圆形或倒披针形，全缘。4～5月开花，总状花序顶生，花色紫、淡红、玫红、淡黄、白等，单瓣或重瓣，有香气。

欣　　赏　花朵繁茂，花色艳丽，香气浓郁，是集姿、色、香兼于一身的优良花卉。紫罗兰寓意"美好、忠实"，黄色紫罗兰寓意"爱情的花束"，是国际花卉市场上重要的盆花和切花之一。

保健作用　发出的气味能杀死结核菌、肺炎球菌、葡萄球菌，其花香能使急躁的心情变得温和宁静，使人爽朗快乐。

常 见 问 题	原　因
茎叶变小硬化，生长不整齐，花期推迟	盆土过干
只长叶不开花	施用氮肥过多
叶片起斑腐烂	浇水时沾湿叶片

- 播种繁殖：直根性，不耐移植，宜直播。9 ~ 10 月盆播，因种子小又好光，播后不覆土或覆浅土。播后盆上盖玻璃保湿，约 2 周发芽。
- 盆栽宜选用矮生重瓣种。子叶展开后栽种于口径 10 厘米的盆中，每盆 3 株。长有 6 ~ 7 片叶子时翻盆至口径 17 ~ 20 厘米的盆中。
- 喜湿润，稍耐旱。应充足浇水，保持盆土湿润。过干时茎叶变小硬化，且生长不整齐、开花期推迟。
- 开花前施用速效磷钾肥，可使开花繁盛，色彩艳丽。
- 幼苗长出 9 ~ 10 片叶时摘心，促使多分枝、多开花。

- 有一定耐寒力，有的品种可耐 -5℃低温。长江流域可露地越冬，但盆栽宜置冷室。幼苗必须在 5 ~ 15℃下生长 18 ~ 20 天，否则花芽难以分化，不能开花。
- 给予充足阳光，可使花朵艳丽、花期更长。不耐荫蔽，过阴时生长不良。
- 由于气温低，植株小，生长不快，故需水量不多，浇水应"不干不浇"。浇水时水不要沾湿叶片，以免叶片起斑腐烂。
- 室内栽养空气湿度不宜大，否则茎叶柔弱，影响开花质量。湿度高时，需开窗通风。
- 耐肥，每半月施 1 ~ 2 次肥。氮肥不宜多，否则会徒长，并影响开花，甚至只长叶不开花。

- 给予充足阳光。
- 忌浇水过多，浇水应"不干不浇"。开花时停止施肥。

- 白天温度超过 18℃且连续 6 小时以上，就不能形成花芽与开花。
- 忌酷暑，高温多湿时常枯萎死亡。

粉红铃兰

花叶铃兰

铃兰

学　名　*Convallaria majalis*

科属名　百合科铃兰属

别　名　草玉铃，君影草

大花铃兰

铃兰

重瓣铃兰

形态特征　多年生草本。地下具白色根状茎。叶2～3枚基生，椭圆形或长圆形卵状，基部狭窄下延呈鞘状互抱的叶柄。4～5月开花，总状花序偏向一侧，花乳白色，下垂，具芳香。栽培变种有：大花铃兰（var. *fortunei*）：花与叶均大；粉红铃兰（var. *rosea*）：花被上有粉红色条纹；重瓣铃兰（var. *prolificans*）：花重瓣；花叶铃兰（var. *variegata*）：叶上有黄色条纹。

欣　　赏　植株低矮，叶丛翠绿；花朵悬挂，宛若铃串，香气怡人；入秋浆果成熟圆润如玉，为著名的耐阴观赏植物。地栽、盆栽或切花均相宜。

保健作用　开花所散发的浓郁香气含有挥发性物质，具有显著的杀菌作用。但花朵有毒，开花时不要采摘。

常见问题	原因
生长变劣，开花变差	长期不翻盆
叶片焦尖	空气过于干燥

秋季

- 分割根状茎繁殖：地上部枯萎后，将根状茎掘起切成小段，每段留至少 1 个芽，然后各自种植。
- 地栽：选择林间疏阴之地，9 ~ 10 月种植，株行距 25 ~ 30 厘米，种后覆土 3 ~ 4 厘米。
- 盆栽：将根状茎栽入盆中，每盆 4 ~ 5 芽，栽植深度 3 ~ 4 厘米。给予充足阳光。
- 喜湿润，不耐干旱。盆株萌芽后要充分供水，不让盆土干旱。
- 每 10 天施肥 1 次，萌芽时施"催芽肥"，使幼苗茁壮。
- 每年翻盆 1 次。地栽 3 ~ 4 年分株 1 次，以免生长劣、开花差。

铃兰根状茎

铃兰盆栽

冬季

- 耐寒性强，地栽可露地越冬；盆株宜移入室内，并维持5℃左右。
- 给予充足的阳光，保持土壤湿润。

春季

- 给予充足阳光，开花时适当遮光。
- 充分供给水分，利于花序抽出。干旱时难以形成花芽，但不耐长时间过湿和积水，否则易烂根。
- 畏干燥，喜湿润，空气干燥会导致叶片焦尖，应经常喷水。
- 不耐贫瘠，每 10 天施肥 1 次。开花前施磷钾为主的"催花肥"，促进花芽分化与开花；花茎抽出后停止施肥；花谢后施氮钾结合的肥料，促进植株生长与根状茎肥大。
- 开花后剪去花莛，以集中养分供根状茎生长。

夏季

- 喜凉爽，忌高温，气温达 35℃以上时，叶片枯黄进入休眠。
- 忌强光曝晒，需遮阳。
- 进入休眠后控制浇水，以防根系腐烂。

形态特征 常绿小灌木。枝条细长。叶对生，椭圆形或宽卵形，光滑亮绿。5～10月开花，花白色，极香。

欣　赏 花朵洁白如玉，暑日里的缕缕清香让人顿生清凉之意，因其花香浓烈、清新、幽远、传久，有"人间第一香"之誉。

保健作用 具通气、开郁、辟邪、和中的功能，其散发的香味对结核杆菌、肺炎球菌、葡萄球菌的生长与繁殖有明显的抑制作用。

茉莉

学　名 *Jasminum sambac*

科属名 木樨科茉莉属

别　名 鬘华，抹丽

常见问题	原因
落叶	①光照不足；②严重缺水或盆土过湿
叶片发黄、变小和落叶	盆土过湿
枝叶徒长，花少质差	光照不足

- 喜阳，每天至少接受 8 小时光照。光照不足时枝细叶薄、节间长，甚至大量落叶。
- 喜湿润，畏湿涝，也畏干旱，浇水应"干湿相间"。盆土过湿，叶片发黄、变小和落叶，甚至烂根死亡。干旱时抑制枝叶生长，花朵瘦小，香味变淡。
- 喜肥，有"淡水茉莉不开花"之说。应每半月施 1 次以氮为主的肥料，促使萌发粗壮的枝叶。
- 发芽前剪去枯枝、衰老枝和瘦弱枝，并短截突出树冠的枝条。生长多年的植株，应结合翻盆将枝干离地 3 厘米以上剪去，并加强肥水管理，以促发新枝使植株复壮。
- 上盆可用口径 20 厘米的盆，每盆栽 3 ~ 5 株。每年翻盆 1 次，忌碱性及黏重的土壤。

- 扦插繁殖：梅雨季剪取有 4 ~ 5 个节的枝梢作插穗，插后保持半阴和湿润，经 1 个月可生根。
- 压条繁殖：将枝条压入土中，压入部分的节下要刻伤，约 30 天生根。
- 高温期也须给予充足阳光，否则花少质差，甚至不能孕蕾。
- 浇水应"干湿相间"，保持土壤湿润。梅雨季雨后及时倒去盆中积水。天晴干燥时经常向枝叶喷水，沾湿其叶，滋润其花，可使生长与开花更繁盛。
- 6 月后每周施 1 次氮磷钾结合的肥料，促进新枝抽发和孕蕾开花。

- 给予充足的阳光。
- 浇水应"干湿相间"，保持土壤湿润，不使盆土过干或过湿。
- 每周施 1 次氮磷钾结合的肥料。10 月施 1 ~ 2 次磷钾肥，以利植株越冬。

- 不耐寒，越冬温度应不低于 5℃。
- 给予充足的阳光。节制浇水，保持盆土较干燥的状态。停止施肥。

月季

学　名	*Rosa hybrid*
科属名	蔷薇科蔷薇属
别　名	长春花，月月红

形态特征　常绿灌木或藤本。茎部有弯曲尖刺。羽状复叶，小叶卵圆形、倒卵形或阔披针形。5～11月开花，花顶生，单瓣至重瓣，具香气。现代月季是一个庞大的种群，品种约有两万种。

欣　　赏　花色艳丽，芳香馥郁，花期长久，有"此花无时不春风""一花常占四时春"之赞美，是我国十大名花之一，世界四大切花之首，被誉为"花中皇后"。

保健作用　能吸收硫化氢、氟化氢、苯、苯酚等有害气体，还能散发具有杀菌作用的挥发油。

常 见 问 题	原 因
枝条瘦弱、花朵变小	光照不足；30℃以上植株呈半休眠状态
叶片有黑色斑点，后脱落严重、成为光杆	黑斑病危害

- 嫁接繁殖：5月后进行。用芽接法，以野蔷薇作砧木，接后1周可成活。
- 阳性植物，每天需要不少于6小时的阳光。光照充足时开花旺盛并朵大花香。光照不足，则枝条瘦弱、花朵变小，甚至不能开花。
- 喜湿润，也耐干旱。浇水需"间干间湿"，待盆土干后再浇水。忌湿涝，盆土过湿易烂根。开花时适当增加浇水，盆土过干，则开花不良并缩短开花时间。
- 喜肥。萌芽后每月追施1次以氮为主的肥料，促使发枝粗壮。5月中旬是生长与开花旺期，对养分要求多，应每半月施1～2次氮磷钾结合的肥料，促使发枝和开花。
- 开花多时要疏蕾，花后及时剪去残花，应将残花连同花下的1～2张叶片一起剪去。

- 嫁接繁殖：梅雨季嫁接成活率低。7 ~ 8 月皮层容易剥离，操作方便，成活率高。
- 扦插繁殖：梅雨季进行，选择凋谢花朵下部的半成熟枝作插穗，插后 15 天可生根。
- 不耐高温，高于 30℃不利于花蕾形成与生长，植株呈半休眠状态。应采取喷洒叶面水、加强通风等措施降温。同时停止施肥。
- 适当遮阳，光照过强，不利于花蕾发育，且花瓣易焦枯、观赏期缩短。

- 给予充足阳光。
- 浇水需"间干间湿"，不使盆土过干、过湿。气温超过 20℃时，多喷洒叶面水。
- 入秋后又进入生长开花旺期，应每半月施 1 ~ 2 次氮磷钾结合的肥料。

- 扦插繁殖：结合冬季修剪，选取粗壮一年生枝截成长 10 厘米、具 2 ~ 3 枚芽的茎段作插穗。插后覆薄膜并保持盆土湿润，春季可生根成活。
- 抗寒性强，可忍耐 -15℃的低温，冬季可露地越冬，低于 5℃时进入休眠。
- 控制浇水，保持盆土较干燥的状态。露地越冬的盆株在低温来袭前浇足水，可避免冻伤植株。同时停止施肥。
- 12 月进行强剪，剪除枯枝、病虫枝、衰弱枝及交叉枝，仅留 3 ~ 5 根分布均匀的主枝，并在距基部 20 厘米处强截。短剪需留外向芽，剪口宜在芽上的 1 厘米处。
- 结合修剪进行翻盆，在落叶后至翌年萌芽间进行。盆栽小株用口径 17 ~ 20 厘米的盆。

玫瑰

学　名　*Rosa rugosa*

科属名　蔷薇科蔷薇属

别　名　徘徊花，刺玫花

形态特征　落叶灌木。枝上多刺及刚毛。羽状复叶互生，小叶椭圆形至椭圆状倒卵形，表面多皱，灰绿色。4～5月开花，花紫红色，有芳香。果扁球形或球形，红色。

欣　赏　花色鲜艳，香气浓郁，是著名的香花植物。果实红艳亮丽，经久不落，也有很好的观果效果。

保健作用　气味能杀灭结核杆菌、肺炎球菌、葡萄球菌等；香味能宽胸活血，预防冠心病，并可让急躁的心情变得温和、宁静；对空气中的二氧化硫有一定的吸收能力。

常见问题	原　因
生长瘦弱，开花少，香味淡	①光照不足；②严重干旱；③土壤过于贫瘠
生长不良，叶片变黄	①30℃以上高温；②盆土过湿引起烂根

- 扦插繁殖：萌芽前进行。将一年生枝剪成长 15 厘米、带 3 ~ 4 个芽的插穗，插后 3 ~ 4 周生根。
- 喜阳，应给予充足阳光。光照不足，则生长瘦弱、开花少且香味淡。
- 保持盆土湿润才能正常生长与开花。过干时不易开花；盆土过湿或积水，易烂根。
- 孕蕾时每天傍晚向植株喷水，有利于花蕾膨大和开放。
- 喜肥，过于贫瘠不易开花。地栽植株早春施 1 次氮肥，盆栽每 10 天施 1 次肥，前期施肥以氮为主；孕蕾时增施磷肥，忌单施氮肥；开花期停止施肥。
- 萌芽前修剪 1 次。剪除老弱枝、枯枝、过密枝，每盆只留 3 ~ 4 根枝干，并剪去 5 ~ 8 厘米以上部分，促其萌生粗壮新枝。开花后摘去残花，利于以后的开花。
- 每年翻盆 1 次。属浅根性植物，种植宜选用稍宽大、口径约 30 厘米的盆。翻盆时施足基肥。

- 梅雨季用半成熟枝带踵扦插。
- 不耐高温，30℃以上生长不良或停止，叶片易变黄。应采取遮去中午前后阳光、通风和喷水等措施降温。
- 耐干旱，不耐水湿，保持盆土湿润为宜。

- 分株繁殖：立秋结合翻盆进行。将根部的萌株带根切下，另行栽植。
- 充足浇水，保持盆土湿润。每 10 天追施 1 次肥料。
- 生长过于繁茂时适当疏剪，以保持良好的通风透光。

- 耐寒，能耐 −10℃的低温，室内过冬温度不宜高，让植株充分休眠有利于翌年生长与开花。
- 控制浇水，不让盆土过湿。置室外若遇强冷空气侵袭应及时浇水，保持盆土湿润，以利于保暖防冻。

金橘

学　名	*Fortunella margarita*
科属名	芸香科金柑属
别　名	金柑，金枣

形态特征　常绿灌木，多分枝。叶片披针形至矩圆形，革质，有光泽。开花四季性，花小，白色，有芳香。柑果，矩圆形或卵形，成熟时金黄色。

欣　　赏　枝叶茂密，开花时满树银花，芳香宜人；入冬时果实累累，满树金黄。因"橘"与"吉"同音，故橘便成为如意吉祥的象征，深受人们推崇。

保健作用　散发的芳香油可有效抑制细菌预防感冒，能吸收家用电器、塑料制品、装饰材料散发的有害气体，还具有吸收一氧化碳、二氧化硫和抗氟、吸氟能力。

常见问题	原　因
枝叶细瘦，开花减少	光照不足
落花落果	①开花时浇水过多或遭雨淋；②开花期及结果初期施肥；③严重缺水或盆土过湿；④越冬时温度过低或光照不足

- 嫁接繁殖：砧木用枸橘或实生苗，萌芽前行切接。
- 喜阳，稍耐阴，应给予充足光照。
- 喜湿润，怕干旱，忌积水。浇水应掌握"不干不浇"，保持盆土湿润。
- 每 10 天施 1 次以氮为主的肥料，促发粗壮新枝。
- 萌芽前修剪，剪去交叉枝、瘦弱枝、枯弱枝，然后将留下的一年生枝短截，强枝留 4 ～ 5 个芽，弱枝留 2 ～ 3 个芽，促发强壮的春梢。春梢抽出后疏去过密的枝条，并对留下枝条进行摘心。
- 每 2 ～ 3 年翻盆 1 次。

- 嫁接繁殖，用芽接法。
- 给予充足阳光。
- 春梢生长停止时需控水，要待叶片干得卷起后再浇水，以促进花芽分化。腋芽露出白点时，说明花芽分化已完成，可恢复正常浇水。开花时如遇雨淋和大水淋浇，会引起大量落花。
- 开花前停施氮肥，增施磷钾肥。开花期及结果初期停止施肥，以免落花落果。结果后每半月施 1 次氮磷钾结合的肥料。

- 至 9 月行芽接繁殖。
- 给予充足阳光。
- 浇水应"不干不浇"，保持盆土湿润。盆土过干，叶片卷曲、果实萎缩脱落；过湿，则导致烂根和落叶、落果。
- 每半月追施 1 次磷钾结合的肥料，控制氮肥，果实转黄时停止施肥。
- 入秋后控制营养生长，及时抹去发出的秋梢，以免与幼果争夺养分。果实充实阶段疏果 1 ～ 2 次，摘去过密的果实。

- 较耐寒，地栽能耐 -12℃低温，盆栽在 0℃以下时移入室内，温度过低易落果。越冬室温不宜高，以利植株充分休眠。
- 观果期给予充足阳光，保持盆土湿润，可延长观果时间。

开佛手

佛手

学　名	*Citrus medica var. sarcodactylis*
科属名	芸香科柑橘属
别　名	五指柑、佛手柑

拳佛手

形态特征　常绿小乔木或灌木，为香橼的变种。枝有长、短之别，短枝常为结果枝，有短棘刺。叶互生，长圆形或卵状长圆形。一年可开花 3 ~ 4 次，具白、红、紫等色。果实橙黄色，握如拳的称"拳佛手"，张如指的称"开佛手"，极芳香。

欣　赏　果形奇特，橙黄色的果实散发有浓郁的幽香，可长期保存而香味不减，为传统的冬季观果盆栽花卉，宜置客厅、书房和卧室。

保健作用　果皮含有大量挥发油，其中的苎烯对肝炎双球菌、金黄色葡萄球菌有抑制作用；萜品油烯、β－月桂烯、β－蒎烯等萜烯类成分有显著的抗炎、祛痰和镇咳作用；牻牛儿苗醇能提高身体的免疫功能。

常 见 问 题	原　　因
叶色淡，叶片薄，长势弱	光照不足
落花落果	①浇水不足或过湿；②座果初期施肥

春
季

- 嫁接繁殖：切接或腹接，砧木取枸橘、香橼或柠檬。接后 40 ~ 50 天可成活。
- 高压繁殖：晚春后进行，30 ~ 40 天生根。
- 喜阳，应给予充足阳光。
- 对水分敏感，不耐旱也不耐水湿，浇水应"不干不浇，浇则浇透"，过湿会导致烂根死亡。
- 每周施 1 次氮磷结合的肥料，促进生长与花芽分化。
- 结合翻盆进行修剪，剪去方向不正的枝和病虫枝。短枝大多为结果株，应尽量保留。长度中等、节间较短、叶片较厚的枝条容易结果，应多留。春花虽盛，但两性花少，结果质量差，应摘去。
- 每 2 ~ 3 年翻盆 1 次。

夏
季

- 给予充足阳光。不耐酷暑，长时间高温会引起落叶。高温干燥时经常喷洒叶面水，以增湿降温。
- 雨季应避免盆中积水。花期浇水要适当，过干、过湿都会引起落花。座果初期控制浇水，以防落果。
- 座果初期不宜施肥，以防落果。果实生长期每 10 天施 1 次肥，应少施氮肥，多施钙、钾、磷肥。
- "伏花"开花少，但两性花多、座果率高。每短枝留 1 ~ 2 朵，疏去单性花和无叶花。小果长至玉米粒大时，将新发叶芽全部摘去并疏花，以利果实长大。

秋
季

- 给予充足阳光。
- 浇水应"不干不浇，浇则浇透"。每 10 天施 1 次肥，促进果实生长。
- "秋花"结果质量差，应及时疏去。结果多时应疏果，否则果实变小。

冬
季

- 畏寒，5℃以下时叶片卷曲脱落，保持 5℃以上可保果色金黄。
- 给予充足阳光。控制水分，保持盆土稍干的状态。停止施肥。

花叶薜荔

形态特征 常绿小型蔓性植物，为薜荔的栽培品种。茎干细柔，具气生根。叶小，椭圆形，薄革质，叶缘有不规则圆弧形缺刻，并镶有乳白色斑纹。

欣　赏 叶片纤小玲珑，枝叶悬挂如帘，且具美丽斑纹，适宜几桌、窗台装饰，也可悬挂装饰，或作大中型盆栽的陪衬材料。

保健作用 有较强杀灭空气中细菌的能力。

学　名	*Ficus pumila* cv.Variegata
科属名	桑科榕属
别　名	斑叶薜荔，雪荔

常 见 问 题	原　因
叶面斑纹褪淡变绿	①单纯施用氮肥；②光照过烈或过弱
叶尖枯黄、落叶	空气过于干燥

- 给予充足的阳光。
- 喜干忌湿，浇水应掌握"不干不浇"，防止浇水过湿或积水。
- 因生长量不大，对肥料要求不多。每月应施 1 次氮磷钾结合的肥料，促使生长和叶色鲜丽。忌单纯施用氮肥，否则叶面斑纹会褪淡变绿。
- 幼苗多次摘心，使株形丰满。
- 由于枝细叶小，上盆时应将 3 ~ 4 株或更多的植株栽于一盆，以尽快形成效果。盆不宜大，口径 15 厘米即可。

- 扦插繁殖：剪取 6 ~ 8 厘米长的半成熟枝作插穗，插后保持半阴和湿润，经 30 ~ 40 天生根。
- 压条繁殖：采用波状压条法。
- 喜充足散射光，忌强烈阳光曝晒，应遮阳或置室内散射光充足处。光照过强、过阴，均会使叶面斑纹变淡。
- 高温时水分消耗快，应充足供水，保持盆土湿润。浇水不足叶片易干枯。天晴干燥时，应经常喷洒叶面水。空气过干会使叶尖枯黄，并产生落叶。
- 每月施 1 次氮磷钾结合的肥料。
- 如有全绿枝条长出，应及时剪去。

剪去全绿枝条

- 给予充足的阳光。
- 浇水应"不干不浇，浇则浇透"。天晴干燥时经常喷洒叶面水。
- 每月施 1 次氮磷钾结合的肥料，9 月施 1 次磷钾肥，停施氮肥。

- 不耐寒，安全越冬温度为 5℃，低温会引起落叶。
- 给予充足的阳光。控制水分，并停止施肥。

金桂

银桂

丹桂

四季桂

桂花

学　名　*Osmanthus fragrans*

科属名　木犀科木犀属

别　名　木犀，金粟

形态特征 常绿乔木或灌木。叶对生，革质，椭圆形至椭圆状披针形。9～10月开花，花簇生于叶腋，具黄、白、橙红、橙黄等色，极香。通常分为四个品种群：金桂品种群，秋季开花，花黄色，香味浓；银桂品种群，秋季开花，花黄白或浅黄色，香味浓；丹桂品种群，秋季开花，花橙黄或橙红色，香味较淡；四季桂品种群，花白色、淡黄、橘黄色或橙红色，四季开花，香味淡。

欣　赏 终年常绿，枝繁叶茂，开花时节"枝头万点妆金蕊，十里清香"，是中国特产的珍贵芳香花卉，也是我国十大名花之一。

保健作用 对二氧化硫、氯气、汞有一定的吸收功能；散发的香味对结核杆菌、肺炎球菌、葡萄球菌的生长与繁殖有明显的抑制作用，而且能减轻支气管炎患者的痛苦，并具有使人愉悦和解郁、清肺和辟秽的功能。

常见问题	原　因
不开花	①光照不良；②缺肥；③盆土过湿；④土质偏碱；⑤空气污染
叶片枯焦	①光照过烈；②空气过于干燥；③盆土过湿烂根

- 压条繁殖，将母树低矮的1～2年生枝压入土中；或行高空压条，夏秋生根多时，从母株上切离后上盆。
- 喜阳，不耐阴，应给予充足的阳光。光照不足会影响营养积累，使生长发育衰退、营养生长变差。
- 喜湿润，浇水应掌握"不干不浇，浇则浇透"。过干会影响生长与开花，过湿则根系发黑腐烂，叶尖枯焦，枯黄脱落，甚至植株死亡。
- 生长与开花量大，需消耗大量养分。生长后施1～2次以氮为主的肥料，使发枝粗壮。5月中下旬转入养分积累期，应每半月施1次以磷钾为主的肥料，为花芽分化奠定基础。
- 结合翻盆进行修剪，剪去过密的内膛枝、病虫枝、细瘦枝和枯枝，改善树体内部的通风透光。
- 盆栽应选择植株矮小、株形紧凑、树叶繁茂的品种。每1～2年需翻盆1次，忌碱性土和黏重土壤。

夏
季

- 扦插繁殖，梅雨季 6 月中旬时进行，选择长 8 ~ 10 厘米、半成熟带踵枝条作插穗,插后需遮阳,约 2 个月生根。也可行高空压条。
- 高温时遮去中午前后的阳光，以保证正常生长和开花，否则叶片易焦尖、焦边。
- 根据"不干不浇，浇则浇透"的要求浇水，保持盆土湿润。梅雨季雨后及时倒去盆内积水，尤其雨后天晴,盆土易晒热而烫伤根系,极易导致植株死亡。
- 7 月是花芽分化期，需追施以磷为主的肥料，以利于花芽分化与花蕾生长。

秋
季

- 8 月下旬也可扦插繁殖，但不及梅季插好。
- 如高温干燥，花期会推迟；气温偏低而雨水多时，则会提早开花。
- 给予充足阳光，光照不足开花量减少，花香变淡，甚至不开花。
- 进入始花期气温开始降低，需适当减少浇水，只要保持土壤湿润即可。浇水量过大，易引起落蕾落花。
- 开花前后要保持空气湿润，需加强叶面喷水。过干会出现黄叶和叶片焦边、焦尖，开花不良，甚至不开花。
- 花谢后施 1 次以氮为主的肥料，使植株恢复正常生长，并积累养分为翌年的生长和开花打好基础。肥液不宜浓，用量不宜多，以免秋发新芽。
- 开花后也可进行翻盆，并结合翻盆进行修剪。

冬
季

- 具一定的抗寒力，但盆栽宜置室内越冬，否则易受冻落叶。越冬温度不宜高于 10℃，否则会过早萌芽，影响今后的生长发育。
- 控制浇水量，保持盆土略干的状态，浇水过多会导致烂根。